I

MW00981905

Diccionario Internet

Inglés-Español

Eva y Rumold Hochrath

OCEANO

Índice

Versión original:
Autores: Eva y Rumold Hochrath
© 1997 Langenscheidt KG, Berlin and Munich
http://www.langenscheidt.de

Versión en lengua española:
G. Mesquida, J.M. Casals y C.E. López

© 1998 OCEANO Langenscheidt
Langenscheidt KG, Berlin and Munich
OCEANO GRUPO EDITORIAL, S.A.
Milanesat, 21-23
EDIFICIO OCEANO
08017 Barcelona (España)
Teléfono: 93 280 20 20*
Fax: 93 205 25 45
http://www.oceano.com
e-mail: info@oceano.com

ISBN 84-494-0812-1

Impreso en España - Printed in Spain

Depósito legal: B-6155-98
01980498

Prólogo

Internet empezó con la "guerra fría", durante la histeria de la guerra atómica y en el marco de la carrera tecnológica entre EE UU y la URSS, las dos superpotencias. Como respuesta al "Sputnik" ruso, el primer satélite del mundo, en 1957 EE UU fundó ARPA, un organismo de la Secretaría de Defensa que debía aprovechar para fines militares el liderazgo estadounidense en ciencia y tecnología. Este organismo creó una pequeña red de ordenadores, que en 1969 se inauguró con el nombre de ARPAnet, y que disponía de cuatro ordenadores centrales. Su finalidad principal era asegurar que, en caso de una ofensiva atómica del enemigo (que se consideraba posible en cualquier momento), las informaciones importantes se almacenasen de forma descentralizada, con lo cual se pretendía reducir la probabilidad de que fuesen destruidas a raíz de un ataque de esta clase. Uno de los desarrollos más importantes de esa época fue el primer estándar de transmisión (protocolo), que ya entonces permitía enlazar entre sí ordenadores de diferentes fabricantes.

La Secretaría de Defensa financió el ARPAnet, pero fueron las universidades estadounidenses las que, en los años setenta, continuaron desarrollando la nueva comunicación por ordenador, que incorporó nuevas formas y tecnologías. En 1971, Ray Tomlinson desarrolló un programa de correo electrónico para enviar mensajes a través de la red. Además de la primitiva ARPAnet se desarrollaron otras muchas redes, de tal forma que no se podía hablar de una única Internet. Aunque eso sí, todas se comunicaban mediante el protocolo estándar TCP/IPV.

En los años ochenta se modificó la composición de los explotadores y usuarios de la red. En un principio eran exclusivamente científicos, miembros de la universidad o empresas de ordenadores, pero poco a poco los "ciudadanos de a pie" también se interesaron por Internet. El ejército se retiró de la red a finales de los años ochenta, al tiempo que empresas privadas empezaban a explotar sus posibilidades. Paralelamente se desarrollaron tecnologías que hacían más fácil su utilización por parte del usuario particular. El PC y la correspondiente tecnología Internet hicieron más rápida y más segura la comunicación de datos a través de las líneas telefónicas, mediante módems de alta velocidad.

Por fin, en 1990, en el Centro Europeo de Investigación Nuclear (CERN), Robert Cailliau y Tim Berners-Lee consiguieron un desarrollo revolucionario: la World Wide Web, un sistema de información y de fuentes basado en el hipertexto, con un entorno gráfico. Fue un salto cuantitativo importante: mientras que antes se debían dominar los comandos del sistema UNIX, ahora ya se podía saltar fácilmente de página web a página web como en un programa Windows: haciendo clic con el ratón. Había nacido la "navegación", un hecho que en 1993/1994 marcó la transformación de Internet en un fenómeno de masas.

Hoy día, en Internet no sólo hay empresas y proveedores comerciales, buscadores, navegadores, grupos de noticias y servidores FTP; en la red se ha formado una cultura propia, con revistas, cursos y cafés Internet en las ciudades grandes y medianas. El fenómeno Internet también se refleja en la literatura; autores como William Gibson o Bruce Sterling han alcanzado un alto nivel en sus obras sobre este tema. Incluso hay un lenguaje Internet especial, con terminología específica, estilo de noticias y costumbres reguladas por la "netiquette". En un futuro inmediato es previsible que Internet penetre en la vida diaria: allí donde haya un ordenador y una conexión telefónica, módem, ISDN o cable, habrá también un aprovechamiento de Internet.

El presente diccionario inglés-español pretende tener en cuenta, junto a las consideraciones de desarrollo histórico –muchos aspectos de Internet se comprenden sólo desde este punto de vista–, la importancia que recientemente ha adquirido Internet en la vida diaria. Por ello, no sólo se han recogido los tecnicismos necesarios, sino también las expresiones que el usuario medio encuentra en la red. Conscientemente, se ha utilizado una sistemática simple. En la columna de la izquierda aparece en negrita la palabra clave inglesa, y debajo, eventualmente, la forma explícita de la palabra clave y, cuando procede, su categorización entre paréntesis: *(acrónimo)*, *(empresa/proveedor)*, *(marca)* o *(palabra inventada)*. En la columna de la derecha aparecen la traducción al español (siempre que exista) del concepto en inglés y suficientes explicaciones y remisiones (mediante el signo >) a otras entradas que contienen la información deseada. La abreviatura *"aprox."* indica que la traducción que sigue a continuación es la fórmula que más se aproxima en español al concepto en inglés, pero que (todavía) no se utiliza tal cual en Internet.

En una recopilación como la presente, la exhaustividad no se alcanza nunca, y tampoco es el objetivo de esta obra. Aquellos que pretendan saber más sobre Internet deben dirigirse al medio que parece ofrecer posibilidades infinitas de adquirir información en el volumen deseado: ¡la propia Internet!

Los autores y la editorial desean al lector que disfrute tanto de la consulta de esta obra como de la navegación por Internet.

Vocabulario inglés-español

@
commercial at

aprox.: **en (arroba)**
Símbolo que forma parte de una dirección
(>address) de correo electrónico (>e-mail).
Indica la dirección de un usuario (>user) a
través del servidor (>server) de un proveedor (>provider), y se emplea en el sentido de
"at" = "en", por ejemplo, info@oceano.com =
información en Océano.

acceptable use policy

aprox.: **política de uso aceptable**
Directrices, tanto técnicas como de contenido, que establece un proveedor de servicios
>Internet (>ISP) para regular la utilización
de su acceso a Internet; véase >policy.

access provider

proveedor de acceso
Cualquier organización comercial o privada
que ofrece acceso a >Internet o a un servicio
de esta red, por ejemplo, al correo electrónico (>e-mail); véase >provider, >ISP.

account

cuenta
Derecho de acceso de un usuario (>user),
mediante el cual se liquidan los gastos
originados por un acceso en línea (>on-line);
en general, se solicita al usuario durante
el proceso de conexión (>login).

ack
acknowledgement

aprox.: **acuse de recibo, código de admisión**
1. Elemento de un protocolo (>protocol)
que, en la transmisión de datos, indica
que el receptor se halla en disposición
de recibirlos.

2. En el correo electrónico (>e-mail), esta
palabra se emplea, en un sentido amplio,
para preguntar acerca de un mensaje que aún
no ha sido contestado; por ejemplo, puede
significar: "¿estás ahí?".

Acme

Palabra sin sentido propio, tomada del mundo de los cómics; en este caso, "Acme" es el nombre que se da a un proveedor oficial de productos o de dispositivos complicados que parecen técnicamente impresionantes, pero que apenas funcionan. La palabra "Acme" se añade para indicar de forma expresiva que se trata de algo que impresiona, pero que, en realidad, es un puro disparate (por ejemplo, "esto es un programa Acme"). Esta palabra, apreciada especialmente por los piratas informáticos (>hacker), procede de una serie de la productora Warner-Brothers, "Correcaminos", ("Roadrunner") en la que Wile E. Coyote persigue a Correcaminos empleando las técnicas más sofisticadas: misiles, catapultas, trampas magnéticas, etc. En dicha serie, todos estos aparatos no funcionan o bien tienen averías espectaculares, y se presentan en grandes cajas con la marca "Acme".

Acrobat
(marca)

Sistema de Adobe para realizar informes multimedia y para producir presentaciones laboriosas de diseño complejo. El software adicional (>plug-in) "Amber" para >Netscape permite cargar documentos Acrobat en páginas web (>World Wide Web) y, al mismo tiempo, contemplarlas en línea (>on-line).

acronym

acrónimo
Abreviatura compuesta por las iniciales de las palabras que constituyen una frase o locución. El acrónimo suele formar una palabra independiente que se puede pronunciar, como, por ejemplo, ">KISS", acrónimo de "Keep it simple, stupid!". Los acrónimos utilizados en >Internet no siempre siguen esta regla clásica, y, más que palabras con sentido propio, suelen ser siglas (véase, por ejemplo, >BTDT, >NRN).

Por otra parte, muchos acrónimos de Internet son abreviaturas fonéticas de expresiones inglesas, como >B4 para "be four" = "before" = "antes". Pensados básicamente para ahorrarse el teclear entradas largas en conexiones en línea (>on-line), se han convertido, con el tiempo, en un pasatiempo lúdico; véase >emote icons, >smiley. Muchos acrónimos son la abreviatura de expresiones subjetivas, y hasta groseras, por lo que el remitente debe decidir si el receptor de una comunicación que incluya acrónimos de este tipo tiene suficiente sentido del humor como para no sentirse ofendido. En la comunicación comercial se debe renunciar a los acrónimos en aras de una mayor seguridad.

ActiveX
(marca)

Técnica de programación para crear "applets" (>applet), ideada por Microsoft e incorporada a las últimas versiones de los navegadores (>browser). Permite crear objetos multimedia, objetos interactivos y sofisticados programas dinámicos integrados en las páginas web (>World Wide Web).

ad banner

Imagen (>banner) insertada en una página web (>World Wide Web), que muestra un mensaje publicitario y que, además, permite enlazar directamente con la página web del anunciante.

address

dirección
Dirección cuya función es exactamente la misma que la dirección escrita en una carta. En >Internet hay diferentes tipos de direcciones: de ordenadores, de correo electrónico (>e-mail) de personas o de empresas, de páginas web (>World Wide Web), etc.; véase >URL, >IP address.

address book

aprox.: **libreta de direcciones**

Utilidad integrada en la mayor parte de aplicaciones de correo electrónico (>e-mail), que permite guardar direcciones (>address) de correo electrónico para poderlas utilizar más tarde. Frecuentemente ofrece la posibilidad de utilizar un >alias, es decir, de dar a una dirección complicada un nombre del que sea fácil acordarse; este recurso es similar a la marcación abreviada de que disponen muchos aparatos telefónicos.

AFAICT

as far as I can tell
(acrónimo)

hasta lo que puedo decir

AFAIK

as far as I know
(acrónimo)

según la información de que dispongo

AFK

away from keyboard
(acrónimo)

no en el teclado
El remitente ha abandonado el ordenador por un breve periodo de tiempo.

AFS

Andrew File System

Sistema de datos implementado en diferentes plataformas >UNIX. Se trata de una recopilación de protocolos (>protocol) que permite utilizar los archivos/programas almacenados en otro ordenador de la red como si se encontrasen en el propio equipo.

AIUI

as I understand it
(acrónimo)

tal como yo lo entiendo

alfa

versión alfa
Fase "pre-release" (previa a la comercialización) de un programa, anterior a la fase >beta.

algorithm

algoritmo
Conjunto ordenado de acciones que se

desarrollan, según unas reglas determinadas,
para resolver un problema. Un programa
(software) no es más que la implementación
(es decir, la escritura en lenguaje máquina)
de un algoritmo.

alias

alias
Secuencia de letras (palabra) o de cifras
(número) fácil de recordar, que sustituye
a una dirección (>address) de correo
electrónico (>e-mail). Los programas
de correo electrónico ofrecen, en general,
la posibilidad de utilizar un alias.
Por ejemplo, en una dirección se puede
poner cualquier nombre, tal como
info@oceano.com, que sustituya
a una larga secuencia de cifras.

alt
alternative

alternativo
1. Determinado tipo de grupos de noticias
(>newsgroup) en >Usenet. El nombre ya
da a entender que en estos grupos de
noticias se tratan usualmente temas muy
controvertidos.

2. Texto que se visualiza antes
de la recepción de un gráfico, o que
lo sustituye.

AltaVista
(marca)

Buscador (>search engine) muy popular y
rápido de la WWW (>World Wide Web) y
de >Usenet. Otros buscadores conocidos
son >Hotbot, >Infoseek, >Lycos y
>Yahoo, y, en la >Internet en español,
>El Indice/Elindice, >Ole y >Ozu.

Amazon
(marca)

La primera librería mundial a través de
>Internet, con más de un millón de títulos
en línea (>on-line).

America Online
(empresa/proveedor)

>AOL

analogue

analógico
Cualidad de una magnitud o parámetro
que no adopta valores fijos o determinados,
sino que varía dentro de un rango infinito
de valores. Se opone al concepto de >digital.
Por ejemplo, un termómetro de mercurio
es analógico, ya que, entre el máximo y el
mínimo, el mercurio puede indicar infinitos
estados; sin embargo, un termómetro
electrónico, que sólo puede mostrar
una serie limitada y finita de cifras
en pantalla, es digital.

analogue signals

señales analógicas
Señales que por su naturaleza tienen
un número no determinado de estados;
por ejemplo, las ondas sonoras.

anchor

anclaje
Comando de formateado (>tag) de >HTML
que permite definir un hiperenlace
(>hyperlink). Enlaza entre sí documentos
que se encuentran en diferentes servidores
(>server). El anclaje permite al usuario
(>user) saltar en la WWW (>World Wide
Web) de una página a otra, sin preocuparse
de la dirección (>address); véase >href.

Andreessen, Marc

Uno de los programadores de >Netscape
Navigator, cofundador de la empresa
Netscape Communications Corporation.

annotations

aprox.: **anotaciones**
Comentarios o anotaciones que se pueden
ocultar en una página web (>World Wide
Web). Por ejemplo, el autor de una página
web puede anotar en ésta su identidad
o la fecha de su creación, sin que estas
anotaciones aparezcan en pantalla.

anonymous FTP

aprox.: **FTP anónimo**
Hay muchos servidores FTP (>FTP server)
en >Internet, a los que todo el mundo puede

acceder y desde los cuales se puede bajar (>download) archivos de forma gratuita. Estos servidores forman la columna vertebral de la transmisión de datos y archivos para la mayoría de los usuarios (>user) de Internet.

anonymous posting

envío anónimo
Mensaje, depositado en un grupo de noticias (>newsgroup) o enviado a través del correo electrónico (>e-mail), que no permite identificar su origen.

ANSI
American National
Standards Institute

1. Norma estándar de presentación de datos de terminales (>terminal) de texto utilizada en el entorno DOS.

2. *aprox.:* **Instituto Americano de Normas Nacionales**
Organismo estadounidense que establece las normas para muchos sectores de la actividad industrial, de modo similar a las normas DIN o UNE.

answer mode

aprox.: **modo de recepción**
Modo (>mode) de recepción de llamadas en el que debe encontrarse un módem (>modem) para recibir llamadas. Lo opuesto: modo de emisión (>originate mode).

anti-virus

programa antivirus
Programa que detecta y destruye >virus en el ordenador, o que evita que los virus puedan dañarlo.

AOL
America Online
(empresa/proveedor)

Uno de los proveedores comerciales de servicios en línea (>on-line) con mayor crecimiento en >Internet en EE UU, Canadá, Japón, Australia y Europa. En todo el mundo tiene varios millones de clientes (>client).

Apache

Programa servidor (>server) de páginas web (>World Wide Web). Ha sido desarrollado sin afán de lucro (véase >public domain) por diferentes equipos de usuarios de >Internet; véase >web server.

AppleLink
(empresa/proveedor)

Servicio comercial en línea (>on-line) para usuarios de ordenadores Apple.

applet

aprox.: **aplique**
Miniprograma integrado en una página web (>World Wide Web). Puede estar escrito en >ActiveX o en >Java.

AppleTalk

Software >LAN de Apple. El protocolo (>protocol) de red de Apple permite a los ordenadores Apple utilizar conjuntamente sus recursos.

application

aplicación
Aplicación, programa, software.
Por su naturaleza, las aplicaciones están programadas para una máquina en concreto, a excepción de las escritas en >Java.

arc
archive

"arc" es la extensión de archivo (>filename extension) para archivos comprimidos generados con el sistema ARC de compresión de archivos. Este sistema es algo anticuado, pero los archivos generados con él se encuentran frecuentemente en >Internet.

Archie
(marca)

Sistema de búsqueda de archivos o de ficheros, que localiza determinados archivos en servidores >anonymous FTP. Se proporciona a Archie una palabra clave y se obtiene a continuación una lista de páginas >FTP, de las que se pueden bajar (>download) los archivos buscados.

archive

fichero, archivo
1. Fichero: conjunto de datos agrupados bajo un nombre (filename) y asociados a una extensión (>filename extension).

2. Conjunto de ficheros o de archivos.

ARPA
Advanced Research Projects Agency

Proyecto financiado por la Secretaría de Defensa de EE UU, en cuyo marco se desarrolló en los años sesenta y setenta el precedente de >Internet: ARPAnet. Su objetivo era desarrollar una red de comunicación de ordenadores a través de la cual los investigadores del ejército pudieran intercambiar sus datos y evitar la destrucción de éstos en caso de una guerra nuclear.

ARQ
Automatic Repeat Request

Protocolo (>protocol) de transmisión de datos que comprueba si hay errores en la misma, empleado por los módems (>modem) de la empresa Miracom.

article

artículo
Mensaje enviado a un grupo de noticias (>newsgroup) en >Usenet.

ASAP
as soon as possible
(acrónimo)

tan pronto como sea posible

ASCII
American Standard Code for Information Interchange

Código utilizado prácticamente por todos los fabricantes de ordenadores para representar letras, cifras y signos especiales. Los archivos generados exclusivamente mediante formato de texto ASCII no contienen ningún formato ni tipos de letra concretos, pero pueden ser leídos por todos los ordenadores.

ASCII art

arte ASCII
Gráfico o dibujo compuesto exclusivamente con caracteres >ASCII. Aparece, sobre todo, como parte de firmas (>signature) largas y sobrecargadas en >Usenet.

assigned numbers

números asignados
Números que la Internet Assigned Numbers Authority (>IANA) asigna a cada uno de los servidores (>server) conectados a >Internet. Dicha organización tiene como objetivo evitar las duplicidades, y mantiene una lista actualizada de los números asignados por ella.

asterisk
Signo *

asterisco, signo*
Signo utilizado en las búsquedas para sustituir una o varias letras. Así, la consulta "*bre" permite encontrar palabras como "hombre", "sobre" o "cobre". El asterisco también recibe el nombre de >wildcard.

asynchronous

asíncrono
Forma de transmisión de datos en la que éstos se envían a intervalos irregulares.

AT command set
Attention command set

aprox.: **conjunto de comandos "Attention"**
"Attention" es un lenguaje de comandos para módems (>modem) que ha sido desarrollado por la empresa >Hayes. Se ha convertido en el estándar del sector.

ATM
Asynchronous
Transfer Mode

aprox.: **modo de transferencia asíncrono**
Sistema asíncrono de red de datos de alta velocidad. Permite nodos (>node) que funcionan a 34 mbps. Está pensado para facilitar las comunicaciones multimedia a alta velocidad en un futuro próximo.

atomic clock

reloj atómico
Los relojes atómicos se hallan disponibles a través de un protocolo (>protocol) específico para sincronizar la hora de los sistemas informáticos; hay numerosas aplicaciones (>application) a tal efecto.

---

attachment

aprox.: **documento adjunto, anexo**
Archivo binario (>binary file) o de texto
(>text file) que se envía como parte
de un correo electrónico (>e-mail).

.au

Extensión de los ficheros estándar
de sonido de Macintosh. Este formato
está muy extendido en >Internet y equivale
al formato >.wav de Windows.

authentication

aprox.: **autentificación**
Proceso por el que un usuario (>user)
se identifica ante un servidor (>server)
de manera inequívoca. Habitualmente
se lleva a efecto a través de un nombre
de usuario (>username) y una contraseña
(>password), y, opcionalmente, a través
de un canal seguro (>secure channel).

automagically
(palabra inventada)

Palabra formada por la contracción de
"automatic" y "magic", que en el argot de
los piratas informáticos (>hacker) indica que
algo ocurre automáticamente, de una forma
que parece mágica. Se utiliza cuando no se
quiere o no se puede hacer el esfuerzo de
explicar algo con exactitud.

B4
be four = before
(acrónimo)

antes

backbone

aprox.: **columna vertebral**
Grupo de ordenadores conectados a alta
velocidad, con gran capacidad de transporte
de datos, que articulan >Internet o una zona
de la misma. El >NSFNET estadounidense,
por ejemplo, es uno de los principales
"backbones" de Internet.

BAK
back at keyboard
(acrónimo)

vuelta al teclado, estoy otra vez aquí

bandwith

ancho de banda

1. Concepto que define la capacidad de un canal para enviar datos. Cuanto mayor es el ancho de banda, más información se puede transmitir al mismo tiempo. Es muy frecuente reclamar más ancho de banda, lo que equivale a pedir que la información llegue más rápido y la navegación por la red sea más cómoda.

2. Se emplea usualmente para describir el tráfico en un grupo de noticias (>newsgroup), en una conferencia (>conference) o en cualquier otro servicio. El envío de mensajes no deseados a grupos de noticias o a muchos buzones (>mailbox) equivale a un desaprovechamiento del ancho de banda; véase >spamming.

3. Coloquialmente, se utiliza para referirse a la capacidad de comprensión mental de un usuario (>user).

bang

Esta expresión, que designa el signo de admiración, procede de la tradición >UNIX. La expresión "foo!", por ejemplo, se deletrea "efe o o bang"; véase >bang path.

bang path

Expresión utilizada para referirse a un buzón electrónico (>mailbox). Procede de un sistema de direcciones de correo electrónico (>e-mail) antiguo, en el que cada etapa de un mensaje se debía separar por medio de un signo de admiración (>bang).

banner

bandera

Gráfico, generalmente de forma rectangular, que se inserta en una página web (>World Wide Web) y que pretende llamar la atención del lector con un mensaje, el cual puede tener carácter publicitario; véase >ad banner.

baseband

banda base
Técnica de señalización >digital que
se emplea en el estándar >ethernet.

batch

lote
1. Método de comprimir varios archivos
antes de bajarlos (>download).

2. Conjunto de instrucciones que se ejecutan
secuencialmente.

batchFTP

Posibilidad cómoda de reunir archivos
de diferentes páginas >FTP y recogerlas,
bajándolas (>download), de un solo
proveedor de servicios >Internet (>ISP).

baud

baudio
Unidad de medida de la información que
se transmite en la comunicacion de datos,
pero que, a diferencia de los bits por segundo (>bits per second), mide la transmisión
de símbolos. Un símbolo puede equivaler
a uno o más bits (>bit). Si un símbolo
equivale a un bit, el número de baudios
equivaldrá al de bits por segundo; si un
símbolo equivale a varios bits, la tasa de
transmisión en bits será superior a la tasa
de transmisión en baudios. Símbolo: Bd.

BBL
(I'll) be back later
(acrónimo)

vuelvo enseguida

BBS
Bulletin Board System

aprox.: **tablón de anuncios electrónico**
Tablón de anuncios electrónico del que se
pueden colgar o recoger noticias, archivos
y correo electrónico (>e-mail). Algunos de
estos servicios en línea (>on-line) son independientes, como, por ejemplo, los BBS
de soporte para diferentes proveedores
de ordenadores y accesorios. Otros son
privados y están en manos de aficionados,
pero forman parte de una red superior, como

>Fidonet. Algunos tienen acceso a >Internet y ofrecen a sus usuarios (>user) la posibilidad de disponer de correo electrónico e incluso de acceder a >Usenet. Muchos de ellos se han convertido en verdaderos proveedores de servicios >Internet (>ISP), y ofrecen acceso completo a la red.

BCNU
[I'll] be seeing you *(acrónimo)*

nos veremos

beam

aprox.: **radiar, emitir**
De "Beam me up, Scotty!", una expresión de la serie televisiva "Star Trek". En el contexto >Internet designa la transmisión electrónica de una copia de datos; por ejemplo, "Beam me a copy!" = "¡Envíame una copia!".

Berners-Lee, Tim

Creador del estándar >HTML para la codificación de páginas web (>World Wide Web). Es director de >W3C desde su fundación.

beta

versión beta
Software en el último estadio de desarrollo, no autorizado definitivamente por el programador y sin garantía del fabricante. Las versiones de ensayo beta se encuentran frecuentemente en >Internet para bajarlas (>download), de tal manera que los interesados puedan probarlas; su experiencia permite realizar las correcciones necesarias antes de la autorización final. La fase anterior se denomina >alfa.

bigot

fanático
Palabra que, en el argot de los piratas informáticos (>hacker), designa al fanático de un producto determinado: un tipo de ordenador, un software, un sistema operativo, etc. Defiende e impone el producto de su elección con gran pasión.

binary

binario
Representación de magnitudes mediante diferentes combinaciones de dos estados ("1" o "0", "sí" o "no", "on" u "off", etc.), que constituye el principio básico de cualquier tratamiento de datos electrónico; véase >binary file.

binary file

archivo binario
Archivo que puede contener programas, imágenes, sonido, animaciones y, en general, cualquier tipo de información, a diferencia de un archivo de texto (>text file), que sólo contiene texto.

BinHex
(marca)

1. Sistema de codificación usado en el correo electrónico (>e-mail) para que los mensajes y ficheros (>archive), sean binarios o de texto, lleguen correctamente a destino.

2. Sistema de compresión de ficheros muy utilizado en el mundo Macintosh. Los archivos BinHex tienen la extensión .hqx (>filename extension).

BION
believe it or not
(acrónimo)

lo creas o no

bionet

red bio
Grupos de noticias (>newsgroup) en >Usenet que se interesan principalmente por temas biológicos y ecológicos.

bis

Expresión técnica tomada del francés (le bis = la repetición). Esta palabra se utiliza en el contexto de estándares para módems (>modem), y se emplea para referirse a una revisión menor del estándar que contiene las normas de la revisión principal.

bit
binary digit

bit (cifra binaria)
Unidad mínima de información; por consiguiente, es también la mínima información a transmitir. Un bit puede tener el valor "0" o "1", equivalente, por ejemplo, a "sí" o "no", a interruptor "abierto" o "cerrado"; etc. Véase >binary, >byte.

BITnet
"Because It's Time"-
Network
(empresa/proveedor)

Red limitada, explotada en EE UU dentro de >Internet, propia de las universidades y los institutos de investigación, que se utiliza sólo para fines académicos.

bits per second

bits por segundo
Unidad de medida de la velocidad de transmisión de datos. Abreviatura: bps. Véase >bit.

blinking

parpadeo
Utilización de un lector fuera de línea (>off-line reader) para acceder a un sistema en línea (>on-line). Con el parpadeo se entra sólo por breve tiempo en el sistema en línea, del que se sale inmediatamente para ahorrar gastos telefónicos.

block

bloque
Bloque de transmisión de datos. Consiste en un paquete que contiene siempre el mismo número de caracteres en la transmisión; por ejemplo, un bloque de 64 bits.

body

cuerpo
Parte de un correo electrónico (>e-mail) o de una página web (>World Wide Web) que contiene el mensaje o el texto, en oposición, por ejemplo, a la cabecera (>header).

bookmark

marcador, apuntador, favoritos
Método para marcar las páginas web (>World Wide Web) interesantes cuando se visitan, y para encontrarlas posteriormente de una forma fácil; todos

los navegadores (>browser) modernos
ofrecen esta posibilidad.

Boole, George

Matemático y lógico inglés (1815-1864)
que investigó la relación entre matemática
y lógica. Sus aportaciones constituyen la
base lógica de la estructura de las preguntas
utilizadas para la búsqueda y la
recuperación de información en las bases
de datos (>database) actuales; véase
>Boolean search.

Boolean search

búsqueda booleana
Método para buscar y filtrar información en
una base de datos (>database), que utilizan
determinados operadores, como, por ejemplo, "and" = "y" (para exigir que se cumplan
dos condiciones simultáneamente), u "or" =
"o" (para exigir que se cumpla una condición de dos, o ambas). Todos los buscadores
(>search engine), como >AltaVista, >Lycos,
etc., funcionan según este principio.

bot
robot

aprox.: **robot, autómata**
Programa que realiza determinadas
funciones de forma automática. Por ejemplo,
puede consistir en un programa que informe
automáticamente al remitente de un envío de
correo electrónico (>e-mail) de que quien lo
recibe está de vacaciones, o que controle un
canal de >IRC y obligue a sus participantes
a registrarse.

BOT
back on topic
(acrónimo)

volviendo al tema

bounce

rebotar
Envío de correo electrónico (>e-mail) que
debido a un fallo de transmisión de datos no
llega al destinatario y es devuelto al remitente. El programa de correo electrónico informa al remitente de que el mensaje ha sido

rebotado (gebounced), añadiendo al mensaje una serie de códigos, habitualmente difíciles de descifrar.

bps
bits per second >bits per second

BRB
[I'll] be right back vuelvo enseguida
(acrónimo)

bridge **puente**
Dispositivo que une dos o más redes entre sí, permitiendo el intercambio de datos entre las mismas.

broadband **banda ancha**
Técnica de transmisión de alta velocidad y alta capacidad que permite la transmisión integrada y simultánea de diferentes tipos de señales (voz, datos, imágenes, etc.).

broadcast **emitir**
Emisión con origen en un servidor (>server) y que pueden recibir diversos receptores simultáneamente. Un ejemplo típico son las emisiones de TV o de radio, en las que llega exactamente la misma información a todos los receptores (véase >Multicast). Se opone a la típica transmisión servidor-cliente (>client), en la que la información que se emite está personalizada para cada cliente.

broken link *aprox.:* **enlace roto**
Enlace (>link) en una página web (>World Wide Web) que, al seleccionarlo, no conduce a ninguna parte, sea porque hay un error en su >URL, sea porque la página a la que apunta no existe, lo que provoca un >Error 404, File not found.

brownout *aprox.:* **caída de tensión, oscurecimiento parcial**
En un tipo de reacción en cadena se sobre-

cargan simultáneamente varios servidores
(>server) de la red, cuando se quiere mantener la comunicación de la red tras el fallo
(>crash) de otro servidor.

browser

navegador
Programa que se utiliza para moverse
y orientarse en un sistema de datos o en una
red. La aplicación más usual de la palabra se
refiere a los programas que se emplean en la
WWW (>World Wide Web) para visualizar
las páginas web (véase >web server) e inte-
raccionar con sus contenidos. Ejemplo de
navegadores de la WWW son >Internet
Explorer, de Microsoft, y >Netscape Navigator. Históricamente, el primer navegador
que se popularizó fue >Mosaic.

BSF
but seriously folks
(acrónimo)

¡Ahora va en serio!, ¡Dejémonos de bromas!

BTDT
been there done that
(acrónimo)

aprox.: ¡Ya lo conozco!, ¡Ya lo tengo!

BTSOOM
beat the shit out of me
(acrónimo)

aprox.: ¡Aunque me maten, no lo sé!

BTW
by the way
(acrónimo)

por lo demás

buffer

aprox.: **colchón**
Memoria intermedia que se utiliza como
memoria de datos temporal durante una
sesión de trabajo.

bug

aprox.: **bicho, error**
Error en el hardware o en el software que,
si bien no impide la ejecución de un
programa, perjudica el rendimiento del
mismo al no permitir la realización de deter-

minadas tareas o al complicar su normal funcionamiento. Esta palabra también se utiliza para referirse a un intruso.

bug fix

aprox.: **reparador de "bugs"**
Software que elimina los "bugs" (>bug).
Se encuentra frecuentemente en >Internet para bajarlo (>download) gratuitamente.

bulk e-mail

correo masivo
Técnica empleada para el envío masivo de correo electrónico (>e-mail) con fines publicitarios (véase >spamming).
Existen programas encargados de conseguir direcciones de correo electrónico en la red para este fin, así como programas que protegen el propio buzón electrónico (>mailbox) de este tipo de correo no deseado.

bulletin board system

aprox.: **tablón de anuncios electrónico**
>BBS

BWQ
Buzzword Quotient
(acrónimo)

aprox.: **cociente de palabras de moda**
Porcentaje de palabras de moda (frases hechas, palabras "in") en un mensaje o documento. Informalmente, se usa para referirse de forma irónica a la jactancia, al faroleo e incluso a las patrañas.

BYP
beg your pardon
(acrónimo)

Perdón, ¿cómo has dicho?

byte

byte
Palabra formada por la unión de >bit y "eight" (ocho), que designa una unidad de información compuesta por ocho bits y utilizada como medida de la magnitud de una memoria.
Véase >kilobyte, >megabyte, >gigabyte.
Hay exactamente 256 (2 elevado a 8) combinaciones de estos ocho bits, y exactamente el mismo número de caracteres >ASCII.

cable

cable
Soporte físico de la transmisión de datos, formado por un conjunto de varios hilos metálicos o de fibras ópticas, envuelto en una cubierta protectora (por ejemplo un cable de teléfono o de la antena de TV).

cable modem

cable módem
Módem (>modem) que enlaza con un sistema de distribución de TV por >cable. Permite velocidades mucho más elevadas que un módem telefónico convencional.

cache

caché
Copia interna de una página web (>World Wide Web) ya visitada o de una imagen ya visualizada, que permite acceder a ellas más rápidamente y evita volver a obtenerlas de la red. Las páginas "cacheadas" se almacenan habitualmente en el disco duro del ordenador.

call for votes

aprox.: **llamada a votar**
Parte del proceso de formación de un grupo de noticias (>newsgroup) en >Usenet: la comunidad >Internet pide una votación para decidir si se necesita un nuevo grupo de noticias que trate un tema determinado. Abreviatura: CFV.

CAPI
Common Application
Programming Interface

Interfase a través de la cual un software, tal como Windows u OS2, activa la tarjeta RDSI (>ISDN).

CARL
Colorado Alliance of
Research Laboratories

aprox.: **Asociación de los Laboratorios de Investigación de Colorado**
Gran base de datos (>database) e impresionante servicio de documentación con sede en EE UU.

carrier

portadora
1. Conexión o conexiones troncales de un proveedor de servicios >Internet (>ISP).

El usuario (>user) solo puede acceder a una "carrier" a través de su proveedor; en cambio, varios proveedores pueden utilizar la misma "carrier", o tener alguna en común.

2. En la transmisión de datos analógicos (>analogue), frecuencia a la que se sincronizan dos módems (>modem) para hacer posible el intercambio de datos.

cascade

cascada
En un grupo de noticias (>newsgroup), un mensaje puede generar una o varias respuestas, cada una de las cuales puede dar lugar a nuevas respuestas, y así sucesivamente; por tanto, un mensaje puede generar una cascada de mensajes. Éstos se pueden ordenar gráficamente en forma de árbol, de manera que se pueda saber qué mensaje responde a otro.

catch up

atrapar
Término usado en un grupo de noticias (>newsgroup) o en una charla (>chat), para ponerse al día respecto a las últimas noticias o conversaciones, según el caso.

CC
Carbon Copy

aprox.: **copia en papel carbón, copia**
Concepto propio de la comunicación tradicional basada en el papel, que ha pasado al correo electrónico (>e-mail) con el significado de "copia para...".

CCITT
Comité Consultatif International Télégraphique et Téléphonique

aprox.: **Comité Consultivo Internacional Telegráfico y Telefónico**
Organización dependiente de la ONU, que establece recomendaciones para las características técnicas de los elementos que intervienen en la telecomunicación. A comienzos de los años noventa cambió su nombre por el de International Telecommunications Union (>ITU-T).

Cello
(marca)

Uno de los primeros navegadores
(>browser) gráficos de la WWW
(>World Wide Web), hoy en desuso.

Cerf, Vincent

Uno de los creadores del juego de
protocolos >TCP/IP. Actualmente
es presidente de la >Internet Society.

CERN
Conseil Européen pour
la Recherche Nucléaire

aprox.: **Consejo Europeo para
la Investigación Nuclear**
Organismo con sede en Ginebra,
en cuyo Laboratorio Europeo de Física de
Partículas nació la >World Wide Web,
desarrollada en 1990 por Robert Cailliau
y Tim >Berners-Lee.

CFV
Call For Votes

aprox.: **llamada a votar**
>call for votes

channels

canales
Páginas web (>World Wide Web) que
se actualizan con frecuencia y que
establecen un mecanismo de actualización
automática, como, por ejemplo, los canales
de cotizaciones de bolsa. Por oposición,
los contenidos de otras páginas web
pueden ser válidos durante días y no es
necesario recargarlos continuamente,
sino que pueden almacenarse en la memoria
caché (>cache).

character

carácter
Representación binaria (>binary) de una
letra, un número o un símbolo; véase
>ASCII.

chat

aprox.: **charla**
Servicio de >Internet que permite a dos
o más usuarios (>user) de un servicio en
línea (>on-line) conversar (chat) mediante
el teclado en tiempo real (>realtime).

CIM

Compuserve Information
Manager
(marca)

Programa oficial estándar para acceder a los servicios de >Compuserve.

CIX

Commercial Internet
Exchange

Acuerdo entre proveedores de servicios >Internet (>ISP) sobre el uso comercial de la red.

ClariNet

(empresa/proveedor)

Editorial en línea (>on-line) que dispone de una serie de grupos de noticias (>newsgroup) >Usenet sobre actualidad. Se trata de un grupo de usuarios (>user) cerrado, puesto que se paga por pertenecer a él.

Clark, Jim

Uno de los creadores de >Netscape Navigator; véase >Andreessen, Marc.

class 1(2)

Estándares para fax módem (>modem).

class A (B,C) network

Tres sistemas de numeración de los ordenadores de una red según el protocolo >TCP/IP. Según el número de nodos (>node) de la red conectada a >Internet, su numeración seguirá una de las tres clases. La "Class A" admite hasta 16.777.215 nodos; la "Class B", hasta 65.535; la "Class C", hasta 256.

click

clic
Acción de seleccionar un enlace (>link) o una bandera (>banner). Este término también se utiliza como unidad de medida de la distancia entre dos documentos, en función de los clics necesarios para ir del documento de origen al de destino.

client

cliente
Ordenador o aplicación (>application) que toma los servicios de un servidor (>server); véase >client-server.

client-server

cliente-servidor
Binomio que describe el principio de las relaciones en una red: un ordenador, el servidor (>server), pone sus servicios a disposición de otros ordenadores, los clientes (>client), unidos a él mediante una red o una línea telefónica. Estos servicios pueden consistir, por ejemplo, en el acceso a, y la manipulación de, bases de datos centralizadas (>database), o en el envío y recepción de correo electrónico (>e-mail). Los sistemas típicos cliente-servidor son los servicios en línea (>on-line), tales como >CompuServe.

clipper chip

Chip de seguridad que el gobierno estadounidense pretendía instalar en cada hardware de comunicación: teléfono, fax, módem (>modem), etc. Este chip habría codificado la comunicación de tal manera que nadie habría podido "pincharla" a excepción del gobierno, que dispondría del código correspondiente. Las protestas masivas contra este proyecto impidieron que se llevase a cabo.

CLM
Career Limiting Move

Error problemático serio (>bug), que se ha producido y que no se ha podido probar correctamente al producir el programa. Es descubierto por un usuario (>user).

.com

empresa
Sufijo de dominio (>domain) genérico de nivel superior. La abreviatura "com" indica que se trata de una "company", es decir, de una empresa; véase >domain.

command line interface

aprox.: **interfase de línea de comando**
Método algo antiguo de comunicación entre ordenador y usuario (>user). En la actualidad hay plataformas gráficas que hacen innecesario utilizar este método, básicamente reservado a los profesionales. Abreviatura: CLI.

Communications Decency Act

aprox.: **Ley para la Decencia en las Comunicaciones**
Proyecto legislativo estadounidense muy discutido, que hace a los servidores (>server) responsables de que ningún material peligroso para los jóvenes llegue a sus manos. En otros países se plantean iniciativas semejantes.

Compress

Programas para reducir el tamaño de los archivos a fin de facilitar su transporte sin destruir la información que contienen. Habitualmente se utiliza la extensión del nombre de archivo (>filename extension) para especificar el método de compresión; las empleadas con mayor frecuencia son >.arc, .arj, .hqx, .lzc, .zip; véase >archive, >data compression, >zip.

CompuServe
(empresa/proveedor)

Proveedor comercial de servicios en línea (>on-line) con acceso a >Internet, que cuenta con varios millones de miembros en todo el mundo. Utiliza el >CIM como interfase estándar.

condom

aprox.: **recubrimiento de protección**
Denominación jocosa del recubrimiento de plástico de disquetes de 3,5" o del teclado (keyboard condom), que lo protege del polvo y de líquidos que se puedan verter, pero que no impide teclear.

conference

conferencia
Sector de noticias o foro (>forum) dentro de

una red de conferencias. Cada conferencia es responsable de un tema (>topic).

connect time

aprox.: **duración de la comunicación**
Tiempo que transcurre en una conexión en línea (>on-line) con >Internet.

content provider

proveedor de contenido
Persona u organización dedicada a ofrecer información en la WWW (>World Wide Web).

cookie

galleta
Pequeño archivo que se genera en el disco duro del usuario (>user) desde una página web (>World Wide Web). Un archivo de esta clase puede registrar las actividades del usuario en la página visitada. Su uso es controvertido, puesto que implica un registro de datos en el ordenador del usuario.

CoolTalk
(marca)

Programa destinado a ofrecer posibilidades de interacción a varios usuarios (>user) en tiempo real (>realtime) a través de >Internet; incluye la posibilidad de hablar en grupo, compartir una aplicación (>application), etc. Véase >NetMeeting.

CoSy
Conferencing System

Sistema operativo bajo el cual pueden funcionar los servidores (>server) en línea (>on-line).

country code

código de país
Sufijo o parte final del nombre del dominio (>domain), que identifica a un dominio con un país en concreto. No todos los países tienen código, ni todos los codigos son de países. A continuación se ofrecen algunos ejemplos de códigos de país:
.ar – Argentina
.be – Bélgica
.ca – Canadá

.ch – Suiza
.cl – Chile
.de – Alemania
.es – España
.fr – Francia
.hk – Hong Kong
.it – Italia
.jp – Japón
.pt – Portugal
.se – Suecia
.uk – Reino Unido
.us – EE UU
.za – Sudáfrica

CPS
Characters Per Second

caracteres por segundo
Unidad de medida de la velocidad de transmisión de datos.

crack

Software que, aplicado a un programa comercial protegido contra las copias, lo desprotege y permite utilizarlo. Por supuesto, los "cracks" están al margen de la ley, lo cual no impide que se distribuyan por >Internet.

cracker

Intruso que penetra en un sistema informático conectado a >Internet y que causa daños en el mismo; véase >hacker.

crash

aprox.: **accidente, colapso**
Caída repentina y total del sistema.

CRC
Cyclic Redundancy
Checking

aprox.: **comprobación de redundancia cíclica**
Procedimiento para el reconocimiento de errores de transmisión o de almacenaje.

CREN
Corporation for
Research and
Education
Networking

aprox.: **Asociación para la Explotación
(o el Fomento) de las Redes
de Investigación y de Formación**
Esta organización, surgida de la fusión de CSNET (Computer Science Network) y >BITnet ("Because It's Time"-Network),

tiene como objetivo proveer a la comunidad >Internet de información, software y servicios para la investigación.

cross posting

aprox.: **envío cruzado**
Divulgación de una misma noticia en múltiples foros (>forum) de discusión al mismo tiempo. No está de acuerdo con la etiqueta de la red (>netiquette), por lo que es un método efectivo de hacerse antipático entre la comunidad >Internet.

cryptography

criptografía
Codificación de la información que se transmite, de manera que sólo puede ser descodificada por el receptor al cual está destinada. Se utiliza, por ejemplo, en las operaciones bancarias efectuadas desde el propio domicilio (>homebanking).

CSLIP

Compressed Serial Line Interface Protocol

Variante de >SLIP, que incluye la compresión de datos para transmitir la información con mayor rapidez; véase >SLIP, >PPP.

CTS

clear to send
(acrónimo)

claro para enviar, preparado para el envío >RTS/CTS

CUL

C-U-Later = see you later
(acrónimo)

hasta luego

CU-SeeMe

See you, see me
(acrónimo)

yo te veo, tú me ves
Programa líder en aplicaciones de videoconferencia. Permite mantener una videoconferencia a través de >Internet e incluso a través de un módem (>modem), pues adapta la calidad y el refresco de la imagen al ancho de banda disponible.

cybercafé
(palabra inventada)

café Internet
Café o restaurante cuyos clientes pueden acceder a >Internet mediante PCs preparados a tal efecto. Se puede comer, beber, navegar por Internet y encontrarse con otros simpatizantes de la red. Además de la consumición, se paga una cantidad por el tiempo que el cliente ha permanecido conectado en línea (>on-line). Estos establecimientos son populares en EE UU, pero se encuentran en casi todas las grandes ciudades del mundo y constituyen un punto de encuentro para los entusiastas de Internet; véase >Cyberia.

Cyberia

Uno de los primeros cafés >Internet (>cybercafé) de Europa; fue inaugurado en Londres, en 1994. Se encuentra cerca de la estación de metro de Goodge Street, en los aledaños de Tottenham Court Road. En él se puede acceder directamente a Internet vía PC Pentium, y, naturalmente, se pueden consumir café y pastas.

cyberpunk
(palabra inventada)

ciberpunk
Concepto de moda, con un significado muy diverso. Primero se aplicó a un nuevo subgénero de ciencia ficción, popularizado por la novela "Neuromancer" (1984), de William >Gibson, que se ocupa de la tecnología en el sentido más amplio. Más tarde, en los años noventa, designó una ideología y un estilo de vida, y, por extensión, se llamó ciberpunks a quienes vivían según esas pautas culturales. El significado de esta palabra deriva de "punk", es decir, de la rebelión contra lo tradicional, y de "cyber", término que hace referencia al mundo de la tecnología, la piratería informática, la realidad virtual (>virtual reality), etcétera.

cybersex
(palabra inventada)

cibersexo
Actividad sexual que tiene lugar en una

comunicación en línea (>on-line) o en un ambiente virtual (>virtual reality). Puede referirse, por ejemplo, a diálogos eróticos vía correo electrónico (>e-mail) o a charlas (>chat) en tiempo real (>realtime), así como al sexo totalmente virtual, que requiere trajes y accesorios especiales.

cyberspace
(palabra inventada)

ciberespacio
Concepto acuñado por William >Gibson en su novela "Neuromancer" (1984) para designar el mundo colectivo de los ordenadores enlazados. Hoy día, en general, se utiliza para designar las redes de ordenadores interconectadas que dan lugar a un "espacio virtual"; véase >Rheingold, Howard, >virtual community.

cyborg
cybernetic organism
(palabra inventada)

Denominación genérica de un ser mezcla de hombre y máquina; este tipo de entidades aparece en películas y obras de ciencia ficción.

cycle server

Ordenador especialmente potente de una red, cuya función es llevar a cabo tareas complejas y extensas que precisan una gran capacidad de cálculo y de memoria, como, por ejemplo, el modelaje de la fricción en vuelo de un avión. Otras tareas, como las interactivas, se desarrollan en otros componentes de la red, como las estaciones de trabajo; siguiendo con el ejemplo anterior, la estación de trabajo presentaría los datos del modelaje desde diferentes puntos de vista.

cypherpunk
(palabra inventada)

Persona que reclama el derecho del usuario (>user) a disponer de una esfera privada en la comunicación a través de >Internet, y que emplea cualquier programa de codificación para asegurar su privacidad.

Daemon
Disk And
Execution Monitor

aprox.: **controles de discos y de ejecución**
Concepto del mundo >UNIX. La palabra
"Daemon" (espíritu, demonio), formada
con las iniciales de "Disk And Execution
Monitor", designa un programa que espera
en segundo plano en el sistema del ordenador, que se activa con determinados aconte-
cimientos y que entonces puede efectuar
una tarea definida. Un ejemplo simple
de "Daemon" es un programa servidor de
páginas web (>World Wide Web) que
se activa cada vez que un cliente solicita
visualizar una de ellas.

DARPA
Defense Advanced
Research Projects
Agency

>ARPA

DASD
Direct Access Storage
Device

aprox.: **dispositivo de almacenamiento
de acceso directo**
Designa, sobre todo, una memoria de trabajo
(>RAM), pero también un disco duro, una
cinta magnética, etcétera.

database

base de datos
Conjunto ordenado de datos que permite
administrarlos, consultarlos, realizar informes sobre los mismos, etc. De este modo, la
información registrada en una sola ocasión
se puede localizar y clasificar en sus más
diferentes aspectos y de la forma más rápida
posible. Las bases de datos son la raíz de los
elementos más complejos del cibermundo
actual, como los CD-ROM, los buscadores
(>search engine) de >Internet o los sistemas
informáticos centrales de compañías aéreas,
bancos, etcétera.

data compression

compresión de datos
Técnica que se incorpora a los aparatos
de transmisión de datos, como módems
(>modem) o tarjetas RDSI (>ISDN),
y que permite reducir al máximo

el tamaño del archivo a transmitir
sin alterar la información, a fin de que
el tiempo de transmisión de datos sea
lo más corto posible. Los estándares de
compresión más utilizados en módems
son >MNP5 y >V.42bis. A nivel de almacenaje de datos, éstos tambien pueden
comprimirse con programas como
>PkZip o >Compress; véase >zip.

datagram

datagrama
Unidad de información (bloque de datos)
que, por ejemplo, se puede transmitir
a través de >Internet si se utiliza el protocolo
Internet (>IP).

DCC
Data Client to Client

Protocolo que permite a dos usuarios (>user)
que mantienen una conversación por >IRC
enviarse ficheros directamente al mismo
tiempo.

DCE
Data Communication
Equipment

aprox.: **equipo de comunicación de datos**
Dispositivo –un módem (>modem),
una tarjeta RDSI (>ISDN), etc.– que une
el >terminal y el sistema de transmisión
de datos.

decryption

descifrado, descodificación
Descodificación de un archivo codificado
para volverlo a su estado original legible;
véase >cryptography, >encryption.

default

por defecto
Ajuste o configuración base, de fábrica
o inicial (por defecto) del ordenador o del
software, que se puede modificar de acuerdo
con los gustos personales y las necesidades
del usuario.

delete

borrar
Borrar datos, un archivo o una
comunicación de un medio de memoria.

delurk
(palabra inventada)

Poner fin al "lurking" (fisgoneo). Por ejemplo, participar en un foro (>forum) o en una charla (>chat) tras haber asistido a su desarrollo como observador pasivo (>lurker).

DHTML
Dynamic Hypertext
Mark-up Language
(acrónimo)

aprox.: **lenguaje dinámico de marcado de hipertexto**
Nuevo estándar de codificación de páginas web (>World Wide Web), resultado de la evolución del estándar >HTML; ha sido desarrollado por >Netscape y >W3C. Incluye una implementación por capas y un control mucho más avanzado de la visualización de documentos.

dial up

marcar
Establecer comunicación entre dos ordenadores.

digicash

dinero digital
En >Internet, la posibilidad de pagar en línea (>on-line) por la adquisición de bienes o servicios; véase >DigiCash, >electronic cash.

DigiCash
(marca)

Empresa pionera en el uso de la red para la realización de transacciones económicas.

digital

digital
Es digital todo lo que se puede mostrar y contar con cifras, y que tiene una magnitud que puede presentar un conjunto limitado de estados o valores. Los ordenadores trabajan digitalmente, con una secuencia de señales "on" y "off", o "sí" y "no" (los famosos "unos" y "ceros"). Es decir, los valores digitales toman un conjunto determinado de valores, mientras que los valores analógicos (>analogue) pueden tomar infinitos valores.

DIP-switch
dual in-line
package switch

aprox.: **interruptor basculante**
Regleta con interruptores basculantes miniaturizados, con los cuales se pueden

efectuar ajustes de hardware. Se encuentran
en impresoras, placas madre, módems
(>modem), etc., y también en coches, vídeos
y cámaras fotográficas.

distribution

distribución
En >Usenet, delimitación del ámbito
geográfico en el que se desea divulgar una
comunicación. Determinados grupos se
distribuyen en "local" (>local newsgroup),
es decir, como un grupo cerrado de usuarios,
y otros en toda la red Usenet. Esta
delimitación la establece el administrador
del sistema.

dll
dynamic link library

aprox.: **biblioteca de enlace dinámico**
Biblioteca o conjunto de aplicaciones
que realizan tareas concretas y que disponen
de las funciones base para los diversos programas de aplicación. Cuando la aplicación
necesita alguna de estas funciones,
la biblioteca se carga en memoria y se ejecuta; se opone a una biblioteca integrada en un
programa y que necesita cargarse al inicio.
Puede tratarse, por ejemplo, de una "dll"
que permita a un programa utilizar
el módem (>modem), y que no se cargará
mientras el programa no la necesite.

DNS
Domain Name System

aprox.: **sistema de nombres por dominio**
Sistema de base de datos, distribuido por
>Internet, que permite saber el número >IP
de un dominio en concreto (>IP address).
Este sistema está organizado de manera que
en cualquier parte del mundo un dominio
dirija al usuario (>user) a un número IP
determinado, independientemente de la
ubicación geográfica del dominio y del
usuario; véase >domain name server.

document

documento
Nombre que se da usualmente a cualquier
archivo >HTML o página web
(>World Wide Web).

dogpile
(palabra inventada)

Un gran número de respuestas y comentarios de mala educación en un único envío (>post). Por ejemplo, si un misionero envía un mensaje a un grupo de noticias (>newsgroup) como alt.atheism, puede contar con "dogpiling"; véase >cross posting.

domain

dominio

Nombre empleado para referirse a una máquina o a un servidor (>server) determinado en >Internet. El nombre de dominio comprende varias partes; la última parte, o sufijo, designa el nivel de estructura superior. A continuación se ofrecen algunos ejemplos de sufijos de dominio:
.com – "commercial organisations" – empresas; véase >.com
.edu – "educational organisations" – instituciones educativas, por ejemplo, universidades
.gov – "government organisations" – organismos e instituciones gubernamentales
.int – "international organisations" – organismos internacionales
.mil – "military organisations" – organismos militares
.net – "network resources" – recursos de la red
.org – "misc organisations" – organizaciones diversas
Los sufijos de dominio pueden referirse también a países en concreto (>country code).

domain name server

aprox.: **servidor de nombres de dominio**

Ordenador que permite convertir el nombre de dominio (>domain) en direcciones IP (>IP address) que puede leer el ordenador; véase >DNS.

dongle
(palabra inventada)

aprox.: **llave de programa, mochila**

Protección contra el copiado que se suministra como hardware junto con algunos programas; consiste en un dispositivo (la mochila) que se conecta al ordenador, sin el cual no funciona el programa. Es una protección eficaz, pero tiene problemas potenciales, como la avería de la mochila.

down

aprox.: **abajo**
1. Estado en el que el ordenador o el sistema no está en servicio.

2. Comando de servidor (>server), que hace que un sistema inicie su desconexión y parada.

download

bajar, descargar
Transferir un archivo procedente de un ordenador remoto al propio ordenador, unido al primero mediante una línea de transmisión de datos, por ejemplo, vía módem (>modem); el proceso inverso se conoce como >upload.

DTE
Data Terminal Equipment

aprox.: **equipo terminal de datos, periférico**
Cualquier componente del hardware de un PC destinado a la entrada y salida de datos: el procesador, la pantalla, el teclado, la impresora, el escáner, etcétera.

DTR
Data Terminal Ready
(acrónimo)

terminal de datos preparada
Señal de mando en la transmisión de datos; veáse >DTE.

duplex

dúplex
Modo de comunicación en el que una línea puede transmitir señales simultáneamente en los dos sentidos; véase >full duplex, >half duplex.

DWISNWID
Do what I say not what I do
(acrónimo)

Haz lo que digo y no lo que hago.

DYJHIW
Don't you just
hate it when...
(acrónimo)

No lo odies, incluso si...

EARN
European Academic
Research Network

aprox.: **Red Académica y de Investigación Europea**
Organización europea similar a la >BITnet estadounidense.

Ebone
(palabra inventada)

aprox.: **red troncal europea**
Término derivado de la contracción de Europa y >backbone, que designa el grupo de ordenadores centrales que cuida de la administración de >Internet.

echo

eco
1. Sector de noticias de un BBS o de la red >Fidonet.

2. Modo en la comunicación de datos en el que el receptor devuelve cada carácter que recibe como si fuera un eco. Si está habilitado sin ser necesario, puede hacer que el remitente vea los caracteres por duplicado (el original y su eco) en pantalla; véase >local echo.

editor

editor
Programa auxiliar para preparar y elaborar archivos de texto. Normalmente todos los programas >Usenet o de correo electrónico (>e-mail) incorporan editores simples.

EFF
Electronic Frontier
Foundation

Organización estadounidense que se ocupa de los aspectos sociales y legales derivados de la comunicación creciente entre ordenadores.

electronic cash

dinero electrónico
Tráfico de pagos en línea (>on-line) sin efectivo; véase >digicash, >DigiCash.

El Indice/Elindice

Directorio y buscador (>search engine) de recursos españoles; constituye, pues, un barrio (>neigbourhood). Otros buscadores de la >Internet en español son >Ole y >Ozu.

ELSPA
European Leisure Software
Publishers' Association

aprox.: Asociación Europea de Editores de Software para el Tiempo Libre

Emacs
(marca)

Editor (>editor) universal para sistemas en línea (>on-line), programado por Richard Stallman; véase >VI.

e-mail
electronic mail

correo electrónico
Sistema de transmisión de mensajes por ordenador. Es uno de los avances más importantes en la comunicación por ordenador.

emote icons/
emoticons
(palabra inventada)

Pequeños símbolos formados por diversos caracteres del tipo >ASCII, utilizados para representar las emociones. Por ejemplo, :-) significa "feliz"; véase >smiley, así como el capítulo "Emoticons".

encryption

cifrado, codificado
Método para proteger los datos de un acceso no autorizado a los mismos. Se utiliza normalmente en >Internet para sustraer el correo electrónico (>e-mail) a miradas demasiado curiosas; véase >cryptography.

Enterprise Server/
Commerce Server
(marca)

Programas servidores (>server) de páginas web (>World Wide Web), de la empresa Netscape; véase >web server.

EOF
End Of File
(acrónimo)

final del archivo
Código que marca el final de un archivo de datos.

equalisation

ecualización
Circuito destinado a contrarrestar distorsiones debidas al funcionamiento de la línea telefónica; está integrado en algunos módems (>modem).

Error 404,
File not found

Código de error que indica que la página web (>World Wide Web) solicitada no existe y que, por tanto, no se puede seguir navegando (>surf) por ese camino.

error checking

verificación de errores
Técnica que permite descubrir los errores, e incluso corregirlos en determinados casos, en la transmisión de datos. Está integrada en la mayor parte de módems (>modem; véase >MNP, >V.42), así como en el >TCP/IP de >Internet.

error control

control de errores
Denominación genérica de diversas técnicas que permiten comprobar la exactitud de los bloques de caracteres o datos transmitidos.

ESAD
eat shit and die!
(acrónimo)

aprox.: ¡Jód...!
Forma muy grosera de mandar a alguien a freír espárragos.

ethernet

Especificación o estándar para la interconexión de ordenadores en una red de área local (>LAN) en banda base (>baseband), inventada por Rank Xerox y desarrollada conjuntamente por Xerox, Intel y Digital.

etiquette

etiqueta
>netiquette

ETLA
Extended Three
Letter Acronym
(acrónimo)

acrónimo ampliado de tres letras
>TLA

Eudora
(marca)

Programa de correo electrónico (>e-mail) muy popular en >Internet.

EUnet
(empresa/proveedor)

Uno de los mayores proveedores (>provider) de >Internet en Europa.

European Laboratory for Particle Physics

aprox.: **Laboratorio Europeo de Física de Partículas**
>CERN

extension

extensión
>filename extension

Extra!Net

Boletín electrónico de la >Internet en español, que trata el impacto de la información digital en las organizaciones.

extranet

Unión de dos o más >Intranet para facilitar el acceso a varias redes corporativas al tiempo que se mantiene el aislamiento respecto de >Internet por motivos de seguridad.
Es el acceso externo y seguro a una Intranet.

e-zine
electronic magazine

Revista distribuida electrónicamente, que se dirige generalmente a un grupo personas interesadas en un tema determinado y que por ello también recibe el nombre de "fanzine", revista para los "fans".

F2F
face "two" face =
face to face
(acrónimo)

cara a cara

FAQ
frequently asked
questions
(acrónimo)

preguntas más frecuentes
Para evitar responder muchas veces a las mismas preguntas, las preguntas de >BBS, páginas web (>World Wide Web) o grupos

45

de noticias (>newsgroup) se recopilan en un fichero FAQ, junto con las respuestas.

faradize
(palabra inventada)

Este concepto humorístico deriva del nombre del físico inglés Michael Faraday (1791-1867). "Faradize" indica un proceso electrizante que crea adicción, como la información de un usuario (>user) sobre un nuevo juego de Tetris, con el cual juegan al poco tiempo todos sus colegas de la red.

FAST
Federation Against
Software Theft

aprox.: Asociación Contra el Robo de Software

favorites

favoritos
Término utilizado en >Internet Explorer, de Microsoft, con el mismo significado que marcador (>bookmark) en >Netscape Navigator.

fax modem

fax módem
Módem (>modem) que también puede recibir y enviar faxes.

feed

alimentar
>Internet también recibe informaciones de otras redes, como >Usenet. Este intercambio de información entre redes se llama "feed".

fiber optics

fibra óptica
Fibra basada en el vidrio, que sustituye a los clásicos cables de cobre y permite transmitir un gran volumen de información a alta velocidad y a gran distancia. La información no se transmite mediante impulsos eléctricos, sino que se modula en una onda electromagnética generada por un láser o >LED.

Fidonet
(empresa/proveedor)

Asociación mundial de >BBS, que se han reunido formando una especie de pequeña >Internet.

filename extension

extensión del nombre de archivo
Parte del nombre de archivo, habitualmente
separada por un punto del nombre propiamente dicho, que hace referencia al contenido de aquél, desde el tipo de información
que contiene hasta el método que se ha utilizado para comprimirla o el programa con
que se ha generado. Suele constar de tres
caracteres. Ejemplos de extensiones son:
.arc – embalado con pkpak
.arj – embalado con arj
.class – >applet >Java
.dll – biblioteca de enlace dinámico (>dll)
.exe –archivos de programa
.gif – archivo gráfico >GIF
.gz – embalado con >Gzip
.hqx – embalado con >BinHex
.htm – documento >HTML
.html – documento >HTML
.jpeg – archivo gráfico >JPEG
.lha – embalado con lha
.sit – embalado con >Stuffit
.tar – embalado con >Tar
.tar.Z – embalado con >Tar y >Compress
.txt – archivo de texto
.uue – transformado con >UUencode
.z – embalado con pack
.Z – embalado con >Compress
.zip – embalado con >PkZip
.zoo – embalado con zoo

file server

servidor de archivos
Ordenador que almacena una gran cantidad
de información en forma de archivos y los
hace accesibles a diversos ordenadores y
aplicaciones clientes (>client), por ejemplo,
para bajarlos (>download) por >Internet.

finger

aprox.: **indicador, dedo**
Programa que ofrece una serie de informaciones básicas sobre un usuario (>user) de la
red; se empleó bastante en los inicios de la
misma, y se sigue usando en el entorno
>UNIX. Una de las informaciones que sumi-

nistra es si el usuario está conectado en ese momento, es decir, si está en línea (>on-line). Con autorización del usuario, los denominados "finger files" facilitan incluso detalles sobre el mismo, por ejemplo, sobre sus horarios, gustos, etcétera.

firewall   *aprox.:* **cortafuegos**

Sistema de seguridad que ayuda a proteger una red cerrada (>Intranet) de piratas informáticos (>hacker) y otros usuarios no autorizados. Generalmente se basa en combinaciones de derechos de acceso codificados y claves, o simplemente permite el acceso a servicios concretos de la red.

flame   *aprox.:* **desahogo**

Ofensa o ataque personal al receptor de una noticia. La gama de "flames" abarca desde tonterías hasta ofensas graves, y siempre es contraria a las normas de conducta de la red (>netiquette). Más información en el grupo de noticias (>newsgroup) alt.flame.

flame bait   *aprox.:* **cebo de desahogo**

Comunicación más o menos ofensiva (>flame) utilizada como cebo (bait) para provocar una reacción. Puede dar lugar a una "guerra de desahogos"; véase >flame war.

flame war   *aprox.:* **guerra de desahogos**

Intercambio generalizado de comunicaciones ofensivas (>flame): todos ofenden a todos.

flooding   **desbordamiento**

Técnica consistente en desconectar de la red a un usuario (>user) o a un servidor (>server) a través del envío de una sobrecarga de información. Existen numerosos sistemas de "flooding" y "anti-flooding".

flow control   **control de flujo**

Procedimiento que regula la comunicación

entre módem (>modem) y ordenador, y que
evita la transmisión o recepción de datos
cuando el sistema está ocupado procesando
datos anteriores. Para ello se utiliza un protocolo de software simple (>XON/XOFF)
o bien un hardware (>RTS/CTS).

FOAD
fuck off and die!
(acrónimo)

aprox.: ¡Jód... y muere!
Expresión ordinaria para mandar a alguien
a freír espárragos. A pesar de su grosería,
suele aparecer frecuentemente en >Internet.

FOAF
friend of a friend
(acrónimo)

amigo de un amigo

FOC
free of charge
(acrónimo)

sin coste, gratis

follow up posting

aprox.: **correo siguiente**
Comentario o respuesta a una comunicación
que se encuentra en un grupo de noticias
(>newsgroup) >Usenet, y que pueden leer
todos sus participantes; véase >post.

form

formulario
Método que permite al cliente (>client)
recoger información del servidor (>server) a
través de >HTTP. Habitualmente se presenta
en una página web (>World Wide Web) en
forma de espacios donde se puede escribir,
campos que se pueden seleccionar y botones
que se pueden pulsar.

fortune cookie

>cookie

forum

foro
Zona de comunicación o discusión en
>CompuServe, comparable al grupo de noti-
cias (>newsgroup) de >Usenet o al eco
(>echo) de >Fidonet.

fragmentation

fragmentación
Técnica que permite disgregar un archivo en paquetes de datos con las longitudes adecuadas para transmitirlo por una red física en concreto.

frame

marco
Parte de un bloque de datos, situada entre la cabecera (>header) y la cola (>trailer), y que contiene la información propiamente dicha del bloque.

frame relay

Sistema permanente en red de comunicación digital (>digital) de datos, que permite conectar redes corporativas entre sí o a >Internet de manera estática.

frames

marcos
Técnica del navegador (>browser), que permite dividir la ventana de visualización en zonas independientes entre sí, las cuales contienen diferentes documentos. De aspecto muy agradable, pero discutido porque dificulta la colocación de marcadores (>bookmarks) en esta clase de páginas web (>World Wide Web), y porque en los navegadores más antiguos no es posible su visualización correcta.

Free Agent
(marca)

Buen lector de noticias de PC (>newsreader), que se puede obtener de manera gratuita; véase >freeware.

FreeNet

aprox.: **red libre**
Red articulada en torno a una comunidad de personas y que ofrece un acceso gratuito, aunque limitado, a >Internet, lo que hace posible la articulación de una comunidad virtual. La primera FreeNet mundial fue la de Cleveland, Ohio.

freeware

Software cuyo autor ofrece gratis y que se puede bajar (>download) por >Internet. Suele presentar ciertas limitaciones en cuanto a la modificación de su código de programación y a su uso comercial y venta; véase >shareware, >public domain, >warez.

FrontPage
(marca)

Programa de Microsoft utilizado para editar páginas web (>World Wide Web) en entorno Windows.

FTP
File Transfer Protocol

aprox.: **protocolo de transferencia de archivos**
1. Protocolo que regula la transferencia de archivos vía >Internet; permite pues, enviar y recibir archivos en línea (>on-line).

2. Programas que transmiten y reciben archivos según el protocolo FTP.

FTPmail

Para ayudar a los usuarios en línea (>on-line) con acceso a >Internet pero sin acceso a FTP, una serie de proveedores de correo FTP (también denominados servidores de correo, >mail server) permite recibir archivos por correo electrónico(>e-mail). Para ello, se efectúa por correo electrónico una consulta a uno de estos ordenadores, el cual, a su vez, envía por correo electrónico el archivo deseado.

FTP server

servidor FTP
Los servidores (>server) FTP son servidores de archivos conectados a >Internet, cuya única tarea es poner a disposición estos archivos. En su mayor parte, los servidores FTP son del tipo "anonymous server", es decir, no exigen ninguna contraseña (>password) para acceder a ellos y contienen, por tanto, información pública; véase >anonymous FTP.

FUBAR

fouled/fucked up beyond
all recognition
fouled up beyond all repair
(acrónimo)

aprox.: mutilado hasta ser irreconocible,
destrucción irreparable
Llamada metasintáctica: una referencia
que se aplica a todo lo que se trata.
El significado inicial de este acrónimo era
"Failed Unibus Address Register", mensaje
que aparecía en un ordenador VAX. A la
coincidencia de las iniciales de las dos pri-
meras palabras con las de un dicho usual en
la marina estadounidense ("fouled/fucked
up..."), y a la similitud del sonido de las mismas con el de la sílaba "foo" (que es tanto
una expresión de enfado como una expresión general que hace referencia a todo lo
posible), se sumó la coincidencia de las tres
últimas letras con "bar", una expresión tradicional en los clásicos de las tiras cómicas de
EE UU (como "Smokey Stover", de Bill
Holman; "Pogo", de Walt Kelly, o "The
Daffy Doc", 1938) que el argot de >Internet
toma a menudo como referencia. Todo ello
ha hecho que este acrónimo haya adquirido
un sinfín de significados, de los que se
puede utilizar el que se desee.

full duplex

aprox.: **dúplex pleno (procedimiento)**
Modo de transferencia de datos entre dos
estaciones unidas directamente entre sí
(ordenador, teléfono, etc.), en el que ambas
pueden emitir y recibir al mismo tiempo.
Se opone a >half duplex; véase >duplex.

FWIW

for what it's worth
(acrónimo)

para lo que valga

FYE

for your entertainment
(acrónimo)

para que te diviertas

FYI

for your information
(acrónimo)

para tu información

\<G\>
grin

sonreir irónicamente
Mezcla de acrónimo y >smiley.

GA
go ahead
(acrónimo)

¡Adelante!

GAL
Get alive! Get a life!
(acrónimo)

¡Despierta! ¡Resucita!

gateway

pasarela
Punto de unión o enlace entre dos sistemas
de redes para permitir el intercambio de
datos entre ellas.

GD&R
grinning, ducking
and running
(acrónimo)

sonreír, inclinarse y largarse
El autor de un artículo susceptible de
provocar una discusión se retira
después de ponerlo en circulación.

geek

aprox.: **infoadicto**
Fanático de la informática y de >Internet.
Originalmente, esta palabra tenía una
connotación negativa, puesto que se refería
a la imagen tópica de un pirata electrónico
(>hacker): un "poseso" pálido (porque
nunca está al aire libre) que pasa el tiempo
delante del ordenador. Hacia 1990 se produ-
jo un cambio en su significado, cuando los
afectados (es decir, los "geeks") la utilizaron
para referirse a sí mismos, a modo de protes-
ta irónica por la carga peyorativa del término. Hoy día se emplea para referirse al loco
por la informática y por Internet, que pasa
tanto su tiempo de trabajo como su tiempo
libre frente al ordenador, y que aventaja en
conocimientos técnicos al común de los aficionados a dichos temas. A diferencia de los
"nerds" (>nerd), los "geeks" no son solita-
rios, sino que buscan relacionarse entre sí o
forman una comunidad con cierto código de

reconocimiento secreto. Pasan su vida social conectados en línea (>on-line), diferenciándose así del resto de los mortales.

GeoCities
(marca)

Servidor (>server) estructurado a partir de barrios (>neighbourhood), donde cualquier cibernauta (>net surfer) sin fines lucrativos puede tener su página web (>World Wide Web) personal.

Gibson, William

Autor de ciencia ficción que en su novela más conocida, "Neuromancer" (publicada en 1984), acuñó el concepto de ciberespacio (>cyberspace); véase >cyberpunk.

GIF
Graphics Interchange Format

Estándar de compresión de imágenes desarrollado por >CompuServe y muy utilizado en >Internet. Los GIFs entrelazados (interlaced) permiten que la imagen aparezca más rápidamente y de manera aproximada en pantalla, y vaya mejorando con la recepción completa del fichero, difiriendo, en tal sentido, de su clásica aparición de arriba abajo. Los GIFs de fondo transparente permiten combinar imágenes con el fondo de la página web (>World Wide Web).

gigabyte

Unidad de medida de la magnitud de una memoria. 1 gigabyte = 1.024 megabytes (>megabyte) = 1.073.741.824 bytes (>byte); véase >kilobyte. Símbolo: GB.

GIGO
garbage in, garbage out
(acrónimo)

si se entra basura, sale basura
Se refiere a las entradas en el ordenador. Si se entran disparates no hay que extrañarse de que salgan disparates.

gizmo

aprox.: **cachivache**
Palabra usada informalmente para referirse a

un hecho o a una cosa que no tiene nombre, o cuyo nombre no se recuerda. También se utiliza para expresar desprecio hacia alguna cosa, o la poca importancia de la misma.

GNU

Serie de programas desarrollada y comercializada por la Free Software Foundation. Estos programas están ampliamente divulgados entre los programadores >UNIX, y han originado el dicho jocoso "GNU's Not Unix".

Gopher
(marca)

Antecedente de la WWW (>World Wide Web). Constituyó el primer ensayo de estructuración de la enorme cantidad de datos que circulaba por >Internet. Gopher, al contrario que la WWW, está organizado jerárquicamente en forma de árbol. Es un sistema anticuado; véase >Gopherspace. Hay dos teorías sobre el origen de este nombre. Una considera que derivaría de la expresión "Go fer (= for) it!", dirigida, por ejemplo, a un botones; otra sostiene que procedería del hecho de que Gopher se desarrolló en la Universidad de Minnesota, que tiene como mascota al "gopher" (= la tuza, un roedor); el estado federal de Minnesota también es conocido como "gopher state"; véase >Veronica.

Gopher+
(marca)

Versión mejorada de >Gopher, en la que todavía se trabaja.

Gopherspace
(palabra inventada)

aprox.: **espacio Gopher**
Conjunto de todos los servidores (>server) >Gopher: fuentes de información en >Internet a las cuales se tiene acceso mediante la utilización del navegador (>browser) Gopher. Muchos de los enlaces que se encuentran en los servidores Gopher remiten a fuentes que son accesibles mediante otras

herramientas (>tool) Internet, como, por ejemplo, correo electrónico (>e-mail), >FTP, páginas web (>World Wide Web), >Telnet, etc. Sin embargo, la mayor parte de informaciones disponibles en Internet se presenta en formatos >FTP o WWW (>World Wide Web), e incluso la información que en principio procedía de los servidores Gopher se transfiere cada vez más al mundo WWW. Por tanto, el Gopherspace es cada vez menor y tiende a desaparecer.

GUI
Graphical User Interface

aprox.: **interfase gráfica de usuario**
Parte del sistema operativo que permite que la interacción hombre-máquina se desarrolle de manera gráfica. Ello hace más cómoda la utilización de un sistema o de una aplicación (>application), mediante el empleo del clic (>click), de iconos (>icon) y de barras de desplazamiento (scroll bars). La GUI ha contribuido a convertir la informática, y en especial >Internet, en un entorno mucho más cómodo y fácil de utilizar.

guiltware

aprox.: **software de culpabilidad**
Programa que se puede bajar (>download) gratuitamente (véase >freeware), pero que al abrirse indica durante cuánto tiempo y de qué forma tan dura ha trabajado su autor, y da a entender que quien lo baja es un egoísta "freeloader" si no le transfiere dinero.

Gzip
(marca)

Programa de compresión de archivos utilizado frecuentemente en >Internet, especialmente en el entorno >UNIX.

hacker
(palabra inventada)

pirata informático
Alguien que entra sin autorización en el sistema cerrado de un ordenador y puede causar daños en el mismo. Ya que esta clase de actividad presupone cierta habilidad y conocimientos, la palabra "hacker" no expresa

sólo crítica, sino también, y según quien la
emplee, cierta admiración.

half duplex

semidúplex (procedimiento)
Modo de transferencia de datos entre dos
estaciones unidas directamente entre sí
(ordenador, teléfono, etc.), en el que sólo
una de ellas puede emitir, mientras la
otra recibe (y viceversa); véase >duplex,
>full duplex.

handle

aprox.: **seudónimo, alias**
Expresión tomada de la cultura de los radioaficionados CB (Citizens Band), que designa el seudónimo con el que alguien se
identifica en línea (>on-line) en grupos
de noticias (>newsgroup) sin dar su
verdadero nombre; también recibe el
nombre de >screen name; véase >alias,
>Nickname/Nick.

handshaking

aprox.: **apretón de manos**
Intercambio de señales que inician o permiten
la comunicación entre dos aparatos, y cuya
finalidad es sincronizar ambos dispositivos.

Hayes
(empresa/proveedor)

Fabricante de módems (>modem) de la primera época de >Internet, cuyo lenguaje de
comandos para módems AT (>AT command
set) se ha convertido en estándar oficial del
sector.

header

cabecera
Parte inicial de un paquete de datos a transmitir, que contiene la información sobre los
puntos de origen y de destino de un envío y
sobre el control de errores. Esta expresión se
aplica con frecuencia, y de manera errónea,
sólo a envíos de correo electrónico
(>e-mail), por lo que recibe el nombre de
"mailheader", pero normalmente cualquier
paquete de datos que se transmite de ordenador a ordenador contiene una "header".

helper application

Programa que, enlazado con un navegador (>browser), permite visualizar un determinado tipo de fichero multimedia.

hertz

hertz/hercio
Unidad de medida de frecuencias; cada unidad corresponde a una vibración por segundo. Símbolo: Hz.

HGopher
(marca)

Variante >freeware del software >Gopher para Windows.

HHOJ
ha, ha, only joking!
(acrónimo)

¡Ja, ja, sólo era una broma!

HHOS
ha, ha, only serious!
(acrónimo)

¡Ja, ja, iba en serio!
Respuesta a >HHOJ.

hierarchy

jerarquía
Los grupos de noticias (>newsgroup) >Usenet se estructuran jerárquicamente. Hay siete grupos principales, definidos temáticamente:
comp (computer = informática)
misc (miscellaneous = temas varios)
news (noticias)
rec (recreation = actividades lúdicas)
sci (science = ciencias)
soc (social = cultura, sociedad)
talk (mesas redondas)
En ellos hay subgrupos o subtemas, indicados con abreviaturas más o menos cortas.

hit

aprox.: **impacto, acceso**
El número de accesos a una página web (>World Wide Web) se mide en "hits".
Cada acceso a un texto o a un gráfico corresponde a un "hit".

homebanking

banco en casa
Posibilidad de resolver asuntos bancarios desde casa con el propio >terminal de PC.

home page

aprox.: **página principal**
1. Página web (>World Wide Web) principal o de presentación en un sitio (>site) web. El sitio web puede contener múltiples páginas web, pero sólo una de ellas será la "home page".

2. Página que el navegador (>browser) web muestra por defecto al iniciarse, y que se puede cambiar a elección del usuario. Es recomendable utilizar, en vez de la publicidad del proveedor (>provider) de servicios, un buscador (>search engine) o un índice temático, tal como un barrio (>neighbourhood).

hop

salto
Tramo que recorre una información de un encaminador (>router) a otro.

host

aprox.: **anfitrión, ordenador central**
Ordenador central que permite a uno o varios usuarios (>user) comunicarse en red con otros ordenadores; véase >node.

hostname computer

Nombre del ordenador central (>host).

Hotbot
(marca)

Buscador (>search engine) muy popular y rápido de la WWW (>World Wide Web) y de >Usenet. Otros buscadores conocidos son >AltaVista, >Infoseek, >Lycos y >Yahoo, y, en la >Internet en español, >El Indice/Elindice, >Ole y >Ozu.

hotlist

aprox.: **lista de registro de lectura**
Lista de las páginas web (>World Wide Web) preferidas por el usuario, que permite localizarlas con facilidad; corresponde al

marcador (>bookmark) de >Netscape Navigator, o a favoritos (>favorites) de >Internet Explorer, de Microsoft.

Hotmail
(marca)

Primer servicio mundial de correo gratuito a través de páginas web (>World Wide Web). Se financia gracias a la publicidad que el usuario está dispuesto a ver a cambio de una cuenta de correo gratuita.

href

Comando de formateado (>tag) de >HTML que permite establecer un hiperenlace (>hyperlink).

HST
High Speed Technology

aprox.: **tecnología de alta velocidad**
Esquema de señales específico de los módems (>modem) de la empresa Miracom. Hay correspondencias con otros fabricantes de módems, como Zyxel. Hoy día sólo se emplean los estándares especificados por la >ITU-T; véase desde >V.17 hasta > V.90.

HTML
Hypertext Mark-up Language

aprox.: **lenguaje de marcado de hipertexto**
Lenguaje de escritura de páginas para producir un documento (>document) para la >World Wide Web; véase >DHML, >SGML, >hypertext.

HTTP
Hypertext Transmission Protocol

aprox.: **protocolo de transmisión de hipertexto**
Protocolo (>protocol) >Internet que se utiliza para transmitir páginas web (>World Wide Web), simultáneamente con >TCP/IP. Las direcciones (>address) web deben llevar formalmente un "http://", que permite al navegador (>browser) reconocer que se está realizando la petición de una página web mediante el protocolo HTTP.

hub

aprox.: **cubo (de rueda)**
Dispositivo que conecta entre sí los nodos (>node) de una red local (>LAN) en forma

de estrella, y que, por tanto, actúa como
nodo central de la red.

hyperlink

hiperenlace, hipervínculo
Palabras, habitualmente en color azul y
subrayadas, que aparecen en las páginas web
(>World Wide Web), sobre las que se puede
hacer clic (>click) y que constituyen una
referencia sobre, o un enlace con, otra
dirección (>address) de la World Wide Web.
En los documentos >HTML se pueden colocar tantos hiperenlaces como se desee.
Al contrario de lo que ocurre con los ancla-
jes (>anchor), en los hiperenlaces se
indican más bien los elementos
de la superficie.

hypertext

hipertexto
Textos enlazados entre sí. El clic (>click)
sobre un hiperenlace (>hyperlink) situado
en un texto conduce al usuario a otro texto
cuyo contenido está vinculado con el anterior. El hipertexto –término acuñado a
mediados de los años sesenta por Ted >Nel-
son– es el principio básico de la >World
Wide Web. Abreviatura: HT; véase
>HTML, >HTTP, >anchor.

Hytelnet
(marca)

Nombre resultante de la contracción de
"hyper" y >Telnet. Sistema de base de datos
(>database) que, a través de hiperenlaces
(>hyperlink), permite acceder a ordenadores
remotos mediante el servicio Telnet.
La base de datos prepara archivos de texto
en los cuales se describe un
recurso Telnet con indicación de
la dirección, el oferente, la oferta, detalles
de administración y otros aspectos
de interés.

Hz/hz
hertz

>hertz

IAB
Internet Architecture
Board

aprox.: **Comité de Arquitectura de Internet**
Consejo del que forman parte los
principales responsables de los estándares
>Internet.

IANA
Internet Assigned
Numbers Authority

aprox.: **Agencia para la Asignación de
Números Internet**
Institución que tiene como objetivo excluir
la posibilidad de indicar números
dobles en las señalizaciones usuales
del protocolo (>protocol) >Internet.
Mantiene una lista actualizada de
los números asignados por ella
(>assigned numbers).

IBN
I'm buck naked.
(acrónimo)

Estoy completamente desnudo/desnuda.

ICMP
Internet Control
Message Protocol

Protocolo >Internet (>IP) que permite
intercambiar datos de prueba entre los
módulos Internet para evitar errores; veáse
>PING.

icon

icono
Símbolo que, en una interfase
gráfica (>GUI), representa un
comando, una aplicación, un archivo,
etcétera.

ICQ
I seek you
(acrónimo)

Símil fonético de "I seek you" (= te busco)
Sistema de localización de personas
conectadas a la red. Cuando el usuario
(>user) se conecta a >Internet,
el programa ICQ se identifica en
un servidor central e informa de otros
usuarios que también se hallan
en línea (>on-line), para poder
conversar (>chat) directamente
con ellos y enviarles ficheros (>archive).

IRC
If I recall correctly   si recuerdo bien
(acrónimo)

IIS
Internet Information Server   Programa servidor (>server) de páginas
(marca)   web (>World Wide Web), de la empresa
Microsoft, para el entorno Windows NT;
véase >web server.

image map
mapa sensible
Imagen que permite enlazar con otros documentos seleccionando una de sus áreas, por
ejemplo, un continente. Para ello deben deli-
mitarse mediante coordenadas las áreas que
constituirán el hiperenlace (>hyperlink).

IMBO
In my bloody opinion   en mi insensata opinión
(acrónimo)

IME
In my experience   según mi experiencia
(acrónimo)

IMHO
In my humble opinion   en mi modesta opinión
(acrónimo)

IMNSHO
In my not so humble opinion   en mi no muy modesta opinión
(acrónimo)

IMO
In my opinion   en mi opinión
(acrónimo)

Índice
>El Indice/Elindice

Infoseek
(marca)   Buscador (>search engine) de la WWW
(>World Wide Web) y de >Usenet.

**information
(super) highway**

autopista de la información
Concepto que se refiere, en sentido figurado
a un medio de transmisión de datos como
>Internet, u otro similar, cuya existencia
caracteriza la moderna sociedad de la información y la comunicación.

inline images

Imágenes integradas en una página web
(>World Wide Web).

interface

interfase
Elemento de transición o de unión que facilita el intercambio de datos entre dos elementos distintos, cuya conexión directa no es
posible. Se puede referir al hardware, al
software o, en general, a cualquier sistema
que necesite intercambiar datos. Puede consistir en un enchufe, en una línea que conecte
el ordenador y el módem (>modem)
o en un módulo de software que una el procesador de textos y las hojas de cálculo; también puede referirse al mismo teclado, que
constituye una interfase entre el hombre y el
ordenador.

Internet
(palabra inventada)

Red de redes. Unión mundial de redes de
ordenadores, formada por millones de ordenadores que pueden comunicarse entre sí a
través del protocolo común >TCP/IP.
Por extensión, se aplica a la comunidad
formada por las personas que son
usuarios (>user) de esta red; véase
el prólogo.

Internet Explorer
(marca)

Navegador (>browser) de la WWW
(>World Wide Web), desarrollado por
Microsoft y competidor de
>Nestcape Navigator.

Internetiquette
(palabra inventada)

>netiquette

nternet Phone
narca)

1. Software que permite telefonear a través de >Internet siempre que los ordenadores que van a comunicarse entre sí dispongan de una tarjeta de sonido y de un micrófono. Ventaja: se puede telefonear a todo el mundo al precio de la conexión a Internet. Desventaja: los dos participantes no pueden hablar al mismo tiempo, sino que deben hacerlo uno después de otro (>half duplex).

2. Terminal telefónico con una pequeña pantalla que permite navegar por Internet. Diversas empresas trabajan en su perfeccionamiento.

nternet Protocol

aprox.: **Protocolo Internet**
>IP

nternet Relay Chat

>IRC

nternet Service Provider

proveedor de servicios Internet
>ISP

nternet Society

aprox.: **Sociedad Internet**
Organización que tiene como objetivo promover el desarrollo y el aprovechamiento de >Internet; apoya, además, a los órganos ejecutivos de la >IAB. Abreviatura: ISOC.

nternet Talk Radio

Programa de radio desarrollado por entusiastas de >Internet, que se puede recibir libremente a través de la red, de tal manera que se puede escuchar la radio con el ordenador (naturalmente, con el hardware, el software y el gasto telefónico pertinentes). Estos programas de radio se reciben en forma de archivos que se pueden bajar (>download) y reproducir. Tratan temas relativos a Internet y a ordenadores (por ejemplo, ">geek of the week").

Internet worm

Programa que se autorreproduce y que casi ha conseguido colapsar >Internet. En sentido amplio, forma parte de la categoría de >virus del ordenador.

InterNIC
Internet Network
Information Centre

Organización filial de diferentes instituciones y empresas estadounidenses (por ejemplo, de National Science Foundation, Network Solutions, AT&T), que ofrece informaciones estadísticas sobre >Internet y su aprovechamiento. Está sometida a la >IANA y es competente para conceder registros de dominios .edu, >.com y .net. La sociedad española correspondiente es ES-NIC (Registro Delegado de Internet en España).

Intranet

Una pequeña >Internet: red de empresa, pequeña y cerrada, basada en >IP.

IOW
in other words
(acrónimo)

en otras palabras

IP
Internet Protocol

aprox.: **Protocolo Internet**
Protocolo (>protocol) de la red que contiene información sobre direcciones, así como información que permite enviar paquetes (>packet) de datos al encaminador (>router) Es uno de los protocolos en que se basa >Internet; véase >TCP/IP, >TCP.

IP address

aprox.: **dirección de protocolo de Internet**
Equivalente numérico del nombre de dominio (>domain). Normalmente no es visible para el usuario (>user), el cual sólo ve la dirección de dominio, fácilmente comprensible. Puede hallarse la localización exacta (>address) de todo ordenador conectado a >Internet mediante una secuencia de cuatro números, cada uno

de ellos de 0 a 255 según IPv4, la versión
actual del protocolo.

Png/IPv6

Protocolo (>protocol) en desarrollo, que
sustituirá al actual IPv4. Está pensado para
mejorar las comunicaciones a alta y a baja
velocidad, y para hacer posible un
número más elevado de direcciones IP
(>IP address), permitiendo, por tanto, la
conexión de un mayor número de máquinas
a >Internet.

RC
Internet Relay Chat

Permite a los usuarios (>user) conversar
(>chat) en toda >Internet a través del teclado
del ordenador y en tiempo real (>realtime),
de manera similar a como lo hacen los radioaficionados (sólo que, en este caso, la conversación tiene lugar a través del teclado y
del monitor).

RL
real life
(acrónimo)

en la vida real

SDN
**Integrated Services
Digital Network**

Red Digital de Servicios Integrados, RDSI
Sistema de transmisión de datos que, al contrario de la comunicación telefónica tradicional –analógica (>analogue), que emplea
frecuencias acústicas–, utiliza señales digitales (>digital) y permite una mayor velocidad
de transmisión.

SN
**Initial Sequence
Number**

Cifra que se pide inicialmente para una
secuencia de números en una comunicación
>TCP.

SP
**Internet Service
Provider**

proveedor de servicios Internet
Empresa proveedora (>provider) de acceso
a >Internet.

67

ISTM
it seems to me
(acrónimo)

a mí me parece

ISTR
I seem to recall
(acrónimo)

creo recordar

ITRO
in the region of
(acrónimo)

en la zona de

ITRW
in the real world
(acrónimo)

en el mundo real

ITU-T
International
Telecommunications
Union - Section
Telecommunication

Nombre actual del antiguo "Comité
Consultatif International Télégraphique et
Téléphonique" (>CCITT), organización de la
ONU que establece recomendaciones
para las características técnicas de los elementos que intervienen en la comunicación, como
los teléfonos o los módems (>modem), y
determina las frecuencias internacionales de
emisión y de recepción.

IWBNI
it would be nice if
(acrónimo)

sería agradable si

IYSWIM
if you see what I mean
(acrónimo)

ya sabes lo que opino

Jakarta
(marca)

Versión de >Java desarrollada por Microsoft
y tomada bajo licencia por Sun. También es
conocida como "Visual Java".

JAM
just a minute
just a moment
(acrónimo)

un momento

ANET

JANET
Joint Academic
Network
(empresa/proveedor)

Unión de servicios >Internet ofrecidos por instituciones educativas y de investigación, tales como el Higher Education Funding Council for England, Scotland and Wales.

Java
(marca)

Lenguaje de programación, de la empresa Sun Microsystem, especialmente adecuado para desarrollar programas interactivos dentro de páginas web (>World Wide Web). La particularidad de los programas Java (véase >applet) reside en el hecho de que funcionan independientemente del sistema operativo (véase >application); así, por ejemplo, pueden utilizarse en entornos Windows, >UNIX o Macintosh.

JavaScript
(marca)

Lenguaje de programación integrado en páginas web (>World Wide Web). Es parecido al lenguaje >Java, pero, a diferencia de éste, que se carga separadamente de la página web y cuya área de influencia queda restringida a una zona de la misma, JavaScript se ejecuta al mismo tiempo que se presenta la página y tiene influencia total en ella.

Joe
(marca)

Editor (>editor) >UNIX, históricamente muy apreciado por los usuarios de este sistema operativo.

JPEG
Joint Photographic
Experts Group

Grupo de expertos que han creado el estándar JPEG para la compresión de imágenes. Los archivos JPEG se encuentran frecuentemente en >Internet debido a su alta tasa de compresión y buena calidad de imagen.

Jughead
(marca)

Aplicación >Gopher similar a >Veronica, pero que, a diferencia de ésta, busca sólo en el título del directorio, lo que hace la búsqueda más rápida y comprensible.

jump

salto
Cambio o salto de un enlace (>link) de la WWW (>World Wide Web) al siguiente, en el curso de una sesión >Internet.

K12

Grupo de noticias (>newsgroup) que se ocupa de temas relevantes para la educación.

KA9Q

Implementación del >TCP/IP para sistemas Packet Radio (= transmisión digital de datos) de radioafición, que toma su nombre de la señal de llamada del radioaficionado que desarrolló el "KA9Q Network Operating System".

kbps
kilobits per second

kilobits por segundo
Unidad de medida de la velocidad de la transmisión de datos. 1 kilobit = 2 elevado a $10 = 1024$ bits (>bit).

Kermit
(marca)

Protocolo (>protocol) de transmisión de datos antiguo pero muy apreciado. Su nombre procede de Kermit, un personaje del programa de TV "Muppet-Show" (la rana Gustavo del "Show de los Teleñecos", en la versión española de dicho programa); véase >Zmodem.

kernel

núcleo
Código central o esencial de un sistema. Es el código que implementa los comandos más importantes de un sistema operativo.

key word

palabra clave, palabra de búsqueda
Palabra que, en la búsqueda en bases de
datos (>database), se emplea para definir la
búsqueda; por ejemplo, al utilizar un buscador (>search engine) se emplea una "key
word" o una combinación de ellas.

kill file

aprox.: **archivo para borrar**
Lista con instrucciones para filtrar y borrar
las noticias procedentes de remitentes cuya
información moleste o no interese al usuario. Si se dispone del software adecuado, los
"kill files" mantendrán alejadas del usuario
todas las noticias que provengan de las
direcciones (>address) que se encuentren en
dicha lista. Se utiliza frecuentemente en
>Usenet, así como en un número creciente
de lectores fuera de línea (>off-line reader).

kilobyte

Unidad de medida de la magnitud de una
memoria. 1 kilobyte = 1024 bytes (>byte);
véase >megabyte, >gigabyte. Símbolo: KB.

KISS
keep it simple, stupid
(acrónimo)

¡Simplifícalo, estúpido!
Ruego no amistoso de representar algo sin
complicaciones.

kit

accesorio, equipo, componente
Accesorio o equipo de ordenador. Comprende el conjunto de herramientas y piezas
necesarias para montar o elaborar alguna
cosa; puede consistir, por ejemplo, en un kit
de montaje del disco duro.

knowbot
(palabra inventada)

Automatismo de búsqueda inteligente que
localiza información en >Internet; véase
>bot.

L8R
"l-eight-r" = later
(acrónimo)

más tarde

lag

retraso

En el curso de una conversación (véase >IRC) por >Internet, tiempo muerto o de espera (que puede llegar a ser de varios segundos), durante el cual una información procedente del emisor circula por la red hasta llegar al receptor.

lamer

En la red, persona falta de educación, quizá debido a sus escasos conocimientos sobre el funcionamiento de la misma; véase >newbie.

LAN
Local Area Network

aprox.: **red de área local**

Pequeña red (>network) limitada a una zona local y que no utiliza la línea telefónica pública. Sus dimensiones son variables: puede extenderse por los locales de una fabrica, por los de una escuela, por una sola habitación, etc. Lo opuesto: >WAN.

leased line

aprox.: **línea permanente**

Línea alquilada de transmisión a larga distancia, que une permanentemente dos nodos (>node) y que, por tanto, permite el intercambio de información en cualquier momento.

LED
Light Emitting Diode

aprox.: **diodo emisor de luz**

Dispositivo que emite luz cuando se encuentra bajo tensión. Los módems (>modem) lo utilizan frecuentemente para indicar el modo (>mode) en que se hallan.

line noise

ruido de línea

Interferencias, solapamientos o fallos en la red telefónica, que pueden provocar la ruptura brusca de la conexión entre dos ordenadores.

link

enlace, elemento de unión
>hyperlink; véase >anchor

Linux

Versión del sistema operativo >UNIX para PC, muy divulgada en >Internet.

lion nose

aprox.: **nariz de león**
Juego de palabras; véase >line noise.

LISTSERV
(empresa/proveedor)

Sistema automatizado y muy divulgado de distribución de correo electrónico (>e-mail); véase >mailing list.

local echo

Si durante una transmisión de datos el ajuste de la configuración "local echo" está en "on", aparecen en pantalla (véase >terminal) todos los caracteres tecleados. Cuando el "local echo" está activado sin ser necesario, provoca un efecto "DDoobbllee", que desaparece desactivándolo; véase >echo 2.

local newsgroup

Grupo de noticias (>newsgroup) >Usenet que sólo se encuentra en el propio anfitrión (>host). Muchos proveedores (>provider) de servicios mantienen grupos de noticias locales que facilitan informaciones sobre sí mismos y sobre el apoyo (>support) que ofrece el anfitrión.

log

aprox.: **cuaderno de bitácora**
Un tipo de protocolo para el archivo de todas las actividades que tienen lugar durante la comunicación de datos. Se establece en un archivo o fichero propio (>logfile).

logfile

Fichero de registro en el que se archivan todas las actividades realizadas por un programa o durante una sesión en línea (>on-line). Se almacena en el disco duro y sirve como futura referencia o como control de seguridad; véase >log.

login

conexión
Entrada en una red (>network) o en un sistema en línea (>on-line). La mayor parte de las veces, el usuario (>user) debe identificarse facilitando su nombre (>login name) y una clave secreta (>password). No es necesario identificarse en el caso de visitas de prueba a un >BBS –en cuyo caso la entrada es "visitante" (guest)– o de visitas a un servidor FTP anónimo (>anonymous FTP) –con entrada "anonymous".

login name

aprox.: **nombre de conexión**
Nombre de usuario (>username) o nombre asociado a una cuenta de acceso (>account), que se pregunta a quien solicita conectarse (>login) a un sistema en línea (>on-line), a fin de identificarlo.

log off

aprox.: **despedirse**
Terminar "adecuadamente" una sesión en línea (>on-line) o conexión de red, en oposición a hacerlo poco técnicamente, sin seguir las formas de desconexión que establece el protocolo (>protocol).

log on

aprox.: **entrar**
Entrar, previa identificación, en un sistema en línea (>on-line).

LOL
laughing out loud
(acrónimo)

esto sí que me hace reír a carcajadas

LPMUD
LP-Multi User Dungeon

Un tipo de >MUD (Multi User Dungeon), juego en el que participan varios jugadores en un sistema en línea (>on-line). Fue llamado así por Lars Pens, quien en 1990 escribió una tesis sobre la programación orientada al objeto, y de cuyas aportaciones derivaron otros desarrollos de los juegos MUD.

lurker

aprox.: **mirón**

Aquel que en los grupos de noticias (>newsgroup), foros (>forum) o conferencias (>conference) solamente lee, sin participar de forma activa. Todo novato (>newbie) actúa durante un tiempo como "lurker" para conocer la etiqueta de la red (>netiquette) y poder leer las preguntas más frecuentes (>FAQ).

Lycos
(marca)

Buscador (>search engine) muy popular y rápido de la WWW (>World Wide Web). Otros buscadores conocidos son >AltaVista, >Hotbot, >Infoseek y >Yahoo, y, en la >Internet en español, >El Indice/Elindice, >Ole y >Ozu.

Lynx
(marca)

Uno de los primeros navegadores (>browser) de la WWW (>World Wide Web), empleado inicialmente en el entorno >UNIX. No permite visualizar imágenes ni ejecutar applets (>applet), sino que funciona exclusivamente en modo de texto.

MacPPP

"Point to Point Protocol" (>PPP) de Macintosh, utilizado para acceder a >Internet a través de una línea corriente de teléfono; véase >MacSLIP, >SLIP.

macro

macro

Secuencia de comandos (macroinstrucción) que se recopilan bajo un único nombre de comando y que se activan entrando una abreviatura con el teclado o haciendo clic (>click) sobre un icono (>icon). Una macro puede sustituir, por ejemplo, un largo procedimiento rutinario de conexión (>login). Hay quien incluye su contraseña (>password) en una macro de esta clase, lo que, por razones de seguridad, no es recomendable.

MacSLIP

"Serial Line Interface Protocol" (>SLIP) específico de Macintosh, que se utiliza para acceder a >Internet a través de una línea corriente de teléfono; véase >MacPPP, >PPP.

MacTCP

Programa Macintosh que implementa el protocolo (>protocol) >TCP/IP.

mail
correo
>e-mail

mailbase

Un tipo de lista de correo (>mailing list).

mail bombing
aprox.: **bombardeo de correo**
Terrorismo electrónico: ataque brutal a un nodo (>node) en forma de noticias o archivos gigantescos, largos y absolutamente inútiles. Requiere que muchos cibernautas (>net surfer) se pongan de acuerdo para actuar al mismo tiempo. A veces se emplea como medida contra el >spamming.

mailbox
buzón, buzón electrónico
Zona de un ordenador central (>host) a la que se envía y donde se recibe el correo electrónico (>e-mail) del usuario (>user). Es similar a un apartado de correos electrónico.

mail gateway

Ordenador que distribuye correo electrónico (>e-mail) entre dos o más sistemas diferentes de correo electrónico.

mailing list
lista de correos
Conjunto de direcciones (>address) de correo electrónico (>e-mail) agrupadas bajo un nombre de lista (mailing list). La lista tiene una dirección electrónica ficticia –que no corresponde a un buzón electrónico (>mailbox)–, de manera que un mensaje

enviado por correo electrónico a la misma
será recibido en todas las direcciones
incluidas en ella; véase >LISTSERV,
>Majordomo.

mail server

Ordenador de un proveedor de servicios
>Internet (>ISP) a través del cual circula el
correo electrónico (>e-mail).

mail storm

aprox.: **tormenta de correo**
Juego de palabras relacionado con
"maelstrom" (torbellino, vorágine), que describe lo que sucede frecuentemente cuando
un ordenador con conexión a >Internet y
usuarios (>user) muy activos se conecta de
nuevo a la red tras permanecer largo tiempo
fuera de línea (>off-line): se produce una
inundación de mensajes que puede llegar a
colapsar el ordenador.

Majordomo
(marca)

Programa que gestiona de forma automática
una lista de correos (>mailing list). Permite
que los usuarios (>user) puedan darse
de alta o de baja mediante procedimientos
simples y sin intervención del propietario de
la lista.

MBONE
Multicast Backbone
(empresa/proveedor)

Servicio >Internet que se ocupa del audio
y del vídeo en tiempo real (>realtime). En
1994 emitió un concierto de los Rolling Sto-
nes que fue el primer recital de rock en vivo
transmitido por Internet.

mbps
megabits per second

megabits por segundo
Unidad de medida de la velocidad de la
transmisión de datos. 1 megabit = 2 elevado
a 20 = 1.048.576 bits (>bit).

megabyte

megabyte
Unidad de medida de la magnitud de una

memoria. 1 megabyte = 1024 kilobytes =
1.048.576 bytes (>byte); véase >kilobyte,
>gigabyte. Símbolo: MB, MByte, Mbyte.

menu

menú
Lista de opciones entre las que puede elegir
el usuario (>user); algunas opciones del
menú se dividen, a su vez, en submenús.

MFTL
my favorite toy language
(acrónimo)

mi lenguaje de juguetes preferido
Expresión del mundo de los diseñadores de
lenguajes de programación, que se
aplica, en primer término, a un proyecto de
lenguaje de programación de sintaxis
sobrecargada, pero de escaso o nulo
contenido.
En sentido figurado, este acrónimo se
emplea para referirse a conversaciones en
las que abundan detalles innecesarios
y excesivamente precisos, exentas de cualquier contenido conceptual, y a cuyo término se podría decir: "Well, it was a typical
MFTL-talk!"

MHS
Message Handling
System

aprox.: **sistema de tratamiento de mensajes**
Convención de intercambio de datos; sistema
de comunicación electrónica en el que los
datos se administran, transmiten e identifican
según un procedimiento unificado.

Microsoft Network
(empresa/proveedor)

Servicio de información de Microsoft.
Empezó siendo una red (>network) cerrada
de esta empresa y, tras algunas dificultades
iniciales, se desarrolló hasta convertirse
en un moderno proveedor de servicios
>Internet (>ISP).

MILNET
Military Network

La "Military Network" estadounidense es
una parte de >Internet que se ocupa de temas
militares no sujetos a secreto.

MIME
Multipurpose Internet Mail Extensions

Técnica estándar para enviar archivos binarios (>binary file) mediante correo electrónico (>e-mail). Antiguamente se utilizaba el método "UUencoding" (>Uuencode).

mIRC

Programa cliente de >IRC muy utilizado. Permite la conversación con otros usuarios (>user) en los canales IRC.

mirror

espejo
Servidor (>server) que guarda una copia de otro servidor, más lejano y más lento, o bien sobrecargado, y que, por tanto, facilita el acceso a la información que contiene éste último. Entre un espejo y el ordenador original hay una comunicación constante, que hace que las actualizaciones (cambios en la información) del primero estén rápidamente disponibles en el segundo. Conocidas empresas con mucho tráfico tienen espejos de sus sitios (>site) web (>World Wide Web) en varios países.

misc
miscellaneous

aprox.: **varios**
Categoría en la cual se incluye a grupos de noticias (>newsgroup) >Usenet que se ocupan de temas agrupados tradicionalmente bajo la rúbrica "varios" (por ejemplo, en los periódicos).

MNP
Microsoft Network Protocol

Protocolo (>protocol) corriente en los módems (>modem), que detecta los errores de transmisión y, en algunos casos, los corrige.

mockingbird

aprox.: **burlón**
Software que interrumpe la comunicación entre usuario (>user) y anfitrión (>host), y que prepara respuestas simuladas para el sistema usuario, al tiempo que recoge y almacena las de éste, especialmente números de

identificación y contraseñas (>password); es un tipo especial de caballo de Troya (>Trojan horse). No se trata exactamente de un >virus (pues éstos se multiplican automáticamente), pero, como ellos, es un software que no tiene buenas intenciones.

mode

modo, manera, estado
Tipo de servicio que admite uno o varios estados posibles, los cuales, en general, se pueden ajustar; por ejemplo, "recepción"/"emisión", "lectura y escritura"/"sólo lectura", "con compresión de datos"/"sin compresión de datos".

modem
(palabra inventada)

módem
Contracción de "modulador" y "demodulador". Puesto que el ordenador y la red telefónica tradicional utilizan diferentes técnicas para la transmisión de datos –el ordenador utiliza la técnica >digital, y la línea telefónica tradicional emplea la analógica (>analogue)–, entre ambos se debe conectar un módem, que convierte la señal del ordenador en señal acústica (es decir, la modula), y que en el punto de destino la convierte de nuevo en señal digital (es decir, la demodula); véase >ISDN, >fax modem.

modem rack

aprox.: **estantería módem**
Instalación técnica destinada a alojar cierto número de módems (>modem) y unirlos con un ordenador. Permite el acceso simultáneo de varios usuarios (>user) a un servidor (>server). Estas instalaciones las utilizan normalmente grandes proveedores de servicios >Internet (>ISP) o servicios en línea (>on-line).

moderator

moderador
Persona que organiza o que dirige la discusión en un grupo de noticias (>newsgroup). Hay grupos de noticias con moderador y sin moderador. En los del primer tipo, es el

moderador quien decide, una por una, qué noticias se adaptan al tema y se publican.

MOO
MUD Object–Oriented

aprox.: **MUD orientado al objeto**
Variante de la categoría de juegos de aventura en línea >MUD, en el que varios usuarios (>user) participan al mismo tiempo, ampliada mediante objetos tales como gráficos y sonidos.

MORF
male or female?
(acrónimo)

¿Macho o hembra?

Mosaic
(marca)

El programa >freeware Mosaic es un navegador (>browser) para la WWW (>World Wide Web), y el "padre" de los modernos navegadores gráficos WWW. Se desarrolló para diversas plataformas, como Windows, Amiga, Windows X y Macintosh, y estableció estándares válidos hasta hoy. >Netscape Navigator e >Internet Explorer, de Microsoft, son desarrollos posteriores que se basan en Mosaic; véase >NCSA.

MOTOS
member of the
opposite sex
(acrónimo)

persona del sexo opuesto

MOTSS
member of the same sex
(acrónimo)

persona del mismo sexo

mov

Extensión de fichero de información de vídeo en movimiento (con o sin audio) en formato QuickTime.

Moving Worlds

Estándar >VRML 2.0. Se trata de una especificación abierta, de plataforma independiente, para desarrollar entornos dinámicos 3D en >Internet.

MP3

Estándar para ficheros de audio que permite reducir un fichero de audio digital en formato >.wav hasta 1/10 de su tamaño, al objeto de facilitar su envío por >Internet; conserva casi por entero la calidad original.

MPEG
Motion Picture Experts Group
(acrónimo)

Estándar mundial de compresión de vídeo digital, de uso muy frecuente en >Internet.

MSN
(empresa/proveedor)

>Microsoft Network

MTU
Maximum Transmission Unit
(acrónimo)

aprox.: **unidad de transmisión máxima**
Unidad de datos máxima que puede transmitir un sistema dado.

MUD
Multi User Dungeon
(acrónimo)

aprox.: **mazmorra para muchos usuarios**
Juego de aventura y de rol en línea (>online), en el que pueden participar varios jugadores. Su sucesor, MUD2, ya se encuentra en diferentes sistemas en línea.

MUG
Multi User Game
(acrónimo)

aprox.: **juego de varias personas**
En cada juego pueden participar dos o más personas en el sistema en línea (>on-line); véase >MUD.

Multicast

Técnicas de emisión (>broadcast) por >Internet, que permiten recibir simultáneamente en varios receptores lo que se emite desde un servidor (>server).
Es el sistema que utilizan >RealAudio, >RealMedia o >StreamWorks para difundir audio (y vídeo, en algunos casos) en tiempo real (>realtime).

nagware

aprox.: **software machacón**

Subclase de >shareware que al iniciarse el programa o al salir del mismo presenta una gran pantalla de diálogo, que recuerda al usuario (>user) que debe registrarse. Para poder continuar en el programa es necesaria una determinada pulsación por parte del usuario. Solución: registrarse.

National Science Foundation

Organismo del gobierno estadounidense que participó activamente en el desarrollo de >Internet, tal como la entendemos hoy, y que todavía administra una de las más importantes columnas vertebrales (>backbone) de la red, el >NSFNET. Abreviatura: NSF.

NCSA
National Center for Supercomputing Applications

Organismo que desarrolló el navegador (>browser) de la WWW (>World Wide Web) >Mosaic.

Negroponte, Nicholas

Fundador y presidente del laboratorio de medios de comunicación del MIT (Massachusetts Institute of Technology).

neighbourhood

barrio

Sitio (>site) que recoge enlaces con otras páginas web (>World Wide Web) de contenido temático similar; véase >GeoCities, >El Indice/El Indice, >Vieiros, >Vilaweb.

Nelson, Ted

Acuñó en los años sesenta el concepto de hipertexto (>hypertext) para expresar su idea de informaciones enlazadas entre sí.

nerd

1. Término que se aplica peyorativamente a alguien de inteligencia superior a la media pero poco dotado para conversaciones

superficiales y otros rituales de sociedad; véase >geek.

2. Con relación irónica a (1.): alguien que sabe realmente lo que es importante y e interesante, y a quien el "mundanal ruido" no aparta de lo esencial. Los piratas informáticos (>hacker) utilizan este término en tal sentido, e incluso llevan insignias con la leyenda "orgullo nerd" (desde luego, no sólo con intención jocosa).

net

red
Abreviatura de >Internet. Muchos se refieren también a >Usenet y al conjunto del ciberespacio (>cyberspace) como "la red".

net computer

aprox.: **ordenador de red**
Ordenador diseñado exclusivamente para conectarse a la red y utilizar los recursos de >Internet. Esta especialización permite que pueda utilizarse fácilmente y sea sencillo y barato, puesto que sólo comprende los componentes básicos e imprescindibles para conectarse. Abreviatura: NC.

Netfind

Servicio en línea (>on-line) que encuentra las direcciones (>address) de correo electrónico (>e-mail) de personas en >Internet.

net god

aprox.: **dios de la red**
Personalidad de la red (>net) a la que se admira y venera porque intervino en el desarrollo de partes de >Internet o de sus herramientas (>tool), o porque de alguna manera se encuentra especialmente presente en la red (por ejemplo, como participante en las discusiones o como publicista).

net guru

aprox.: **gurú de la red**
Experto en >Internet que goza de respeto por sus amplios conocimientos sobre la red. Un gurú de la red puede ser el autor de uno

varios libros sobre Internet, un periodista de Internet o, simplemente, alguien que dispone de grandes conocimientos sobre la red, y que los comparte con otros.

netiquette
(palabra inventada)

aprox.: **etiqueta de la red**

Código de conducta de la comunidad en línea (>on-line) que regula el comportamiento de quienes participan en el envío de correo electrónico (>e-mail), en Internet Relay Chat (>IRC) y en grupos de noticias (>newsgroup).

Según la "netiquette", por ejemplo, está mal visto que se disponga de demasiado espacio de memoria y de tiempo del receptor de una noticia, ya sea a causa de la dispersión de mensajes (>cross posting), del envío de publicidad, de repetir mil veces la misma pregunta (en vez de mirar >FAQ) o del uso de representaciones abultadas (véase >ASCII art) en vez de firmas (>signature) breves. Tampoco se deben provocar problemas de legibilidad, por ejemplo, utilizando diéresis. Por supuesto, hay que evitar todo lo que pueda parecer descortés, como letras mayúsculas (que equivalen a gritos) o "desahogos" (>flame).

netizen
(palabra inventada)

Ciudadano del ciberespacio (>cyberspace), o usuario (>user) habitual de la red.

Netmanage Chameleon
(marca)

Amplio software de acceso a >Internet para Windows, que reúne varias funciones.

NetMeeting
(marca)

Programa que facilita la comunicación e interacción entre varios usuarios (>user) en línea (>on-line). Está incluido en la plataforma >Internet Explorer, de Microsoft; véase >CoolTalk.

net police

aprox.: **policía de la red**

Expresión peyorativa usada para referirse a la gente que cree que su deber o su derecho es enseñar el comportamiento correcto en la comunidad en línea (>on-line).

Netscape

(marca)

Abreviatura del producto >Netscape Navigator.

Netscape Navigator

(marca)

Navegador (>browser) para la WWW (>World Wide Web), de la empresa Netscape Communications. Forma parte del paquete de programas Netscape Communicator. Un producto concurrente es >Internet Explorer, de Microsoft.

net surfer

aprox.: **navegante**

Por analogía a la acción de deslizarse sobre las olas (>surf), esta expresión se usa para referirse a quien se desplaza en >Internet o "cabalga" sobre el sistema de hiperenlaces (>hyperlink), y mira páginas interesantes, recoge datos útiles o conversa con la gente. Sinónimo: cibernauta; véase >surfer.

network

red

Grupo de ordenadores que se comunican entre sí y que comparten los recursos de que disponen (como, por ejemplo, las impresoras o los discos). Hay diversos tipos de redes: locales (>LAN), la propia >Internet, etcétera.

Network News

Abreviatura de "Network News Transfer Protocol" (NNTP), protocolo (>protocol) en el que se basa >Usenet y que, en >Internet, cuida del intercambio de informaciones entre los servidores de noticias (>news server).

newbie   **novato, principiante**

Novato en el sistema de grupos de noticias (>newsgroup). Antaño esta palabra tenía una connotación ligeramente peyorativa, en tanto que hoy se usa habitualmente para referirse a quien se inicia en el ciberespacio (>cyberspace).

newsgroup   **grupo de noticias**

Un tipo de tablón de anuncios para el intercambio de noticias en el que se colocan artículos, informes y cartas redactados por los participantes. >Usenet no es más que un conjunto de grupos de noticias que se distribuyen mundialmente a través de una red interconectada de servidores de noticias (>news server). El número de grupos de noticias en Usenet es enorme; véase >hierarchy.

newsreader   **lector de noticias**

Software diseñado para leer y contestar a grupos de noticias (>newsgroup). Entre los lectores de noticias cuyo uso está más extendido se cuentan >FreeAgent, Microsoft News, Netscape Communicator y >Outlook Express.

news server   **servidor de noticias**

Ordenador en el que se pueden encontrar los más diversos grupos de noticias (>newsgroup); la mayoría de las veces, el proveedor de servicios >Internet (>ISP) pone a disposición de sus clientes un servidor de noticias. La mayor parte de servidores de noticias sólo es accesible a un círculo determinado de usuarios (>user); por ejemplo, los clientes de un ISP son los únicos autorizados a acceder al servidor de noticias propiedad de aquél, pero también hay gran número de servidores de noticias públicos.

NFS   *aprox.:* **sistema de archivos de red**
Network File System

Protocolo (>protocol) que permite usar

archivos ubicados en otros ordenadores de la red como si se encontrasen en el propio ordenador.

NIC
Network Information
Centre

aprox.: **Centro de Información de la Red**
Organización que ofrece como servicio información estadística sobre >Internet y su aprovechamiento. Su función más conocida es la concesión de dominios (>domain). Cada dominio tiene su NIC correspondiente, que mantiene el control de todos los dominios con la misma terminación. Por ejemplo, los dominios .com y .net están bajo el control de >InterNIC, y los dominios .es (referidos a España) se hallan bajo control de ES-NIC.

Nickname/Nick

Seudónimo, >alias, >handle.

NIFOC
nude in front of computer
(acrónimo)

desnudo/desnuda frente al ordenador

NNTP
Net News Transport
Protocol

Protocolo (>protocol) >Usenet que, en >Internet, cuida del intercambio de noticias y de datos entre los servidores (>server).

no carrier

aprox.: **no hay portadora**
Mensaje que aparece en la pantalla cuando la conexión entre dos módems (>modem) se interrumpe; veáse >carrier.

node

nodo
Ordenador integrante de una red (>network)

NRAM
Non–volatile Random
Access Memory

aprox.: **memoria RAM no volátil**
Memoria (>RAM) de aparatos tales como los módems (>modem), que guarda la configuración de la máquina, y cuya información a diferencia de la RAM convencional, no se pierde al desconectar aquélla de su fuente de alimentación.

NRN
no reply necessary
(acrónimo)

no es necesario responder

NSF
National Science
Foundation

>National Science Foundation

NSFNET
National Science
Foundation Network

Red de la >National Science Foundation.
Es una de las grandes redes que forman
parte de >Internet; véase >backbone.

null modem

Cable que conecta dos conectores serie (dos
máquinas), cableado de tal manera que en
cada uno de los hilos el polo emisor coincida
con el polo receptor.

numeric database

aprox.: **base de datos numérica**
Base de datos (>database) que no está clasi-
ficada alfabéticamente, sino numéricamente,
es decir, de manera conveniente para los sistemas informáticos de bancos, compañías de
seguros y empresas similares.

OAO
over and out
(acrónimo)

corto y cierro
Comando de los radioaficionados.

OBTW
oh, by the way
(acrónimo)

ah, a propósito

OEM
Original Equipment
Manufacturer

aprox.: **creador de piezas originales**
Productor de instalaciones (sistemas de
ordenador) compuestas por piezas originales, es decir, por artículos de marca. El productor puede utilizarlas sólo para el
montaje de sus instalaciones, y también
puede venderlas al usuario final en el
comercio al detalle.

off-line

fuera de línea
"No conectado"; en este caso no hay ningún contacto del ordenador a través de la línea telefónica con una red, un >BBS, etcétera.

off-line reader

lector fuera de línea
Programa que, en una conexión en línea (>on-line) permite bajar (>download) las noticias y el correo electrónico (>e-mail) para, luego, ya fuera de línea (>off-line), leer la información recibida y preparar las respuestas, que se envían más tarde, en línea. Un lector fuera de línea ayuda a reducir los costes telefónicos y del servicio en línea; además, actúa de forma favorable sobre la capacidad general del servicio en línea. Abreviatura: OLR.

OIC
oh, I see
(acrónimo)

sí, ya lo entiendo

Ole
(marca)

Nombre de un buscador (>search engine) muy popular y rápido de la >Internet en español, al igual que >El Indice/Elindice y >Ozu.

OLR
Off–Line Reader

>off-line reader

OMG
oh, my god
(acrónimo)

¡Oh, Dios mío!
Expresión de sorpresa o de admiración.

on-line

en línea, en la línea, conectado
Estado en el que el ordenador se halla en conexión directa con la red, a través de un módem (>modem), una tarjeta RDSI (>ISDN), una tarjeta de red o cualquier otro sistema, como >frame relay o >ATM.

originate mode

aprox.: **modo de emisión**
Modo (>mode) en el que se encuentra nor-

malmente el módem (>modem) que llama, y que le permite efectuar llamadas. Lo opuesto: modo de recepción (>answer mode).

OTOH
on the other hand
(acrónimo)

por otra parte

OTT
over the top
(acrónimo)

impertinente

Outlook Express
(marca)

Programa de correo electrónico (>e-mail) y lector de noticias (>newsreader), de Microsoft, incorporado a >Internet Explorer desde la versión 4.0.

Ozu
(marca)

Nombre de un buscador (>search engine) muy popular y rápido de la >Internet en español, al igual que >El Indice/Elindice y >Ole.

packet

paquete
Paquete de datos que es lo bastante pequeño como para ser transmitido de forma rápida por >Internet.

Packet Internet Groper

>PING

page wiews

aprox.: **visualizaciones de página**
Medida del número de veces que una página web (>World Wide Web) ha sido descargada (>download) de un servidor (>server).

parity bit

bit de paridad
Bit (>bit) que se añade a un bloque de bits para controlar posibles errores en los mismos. Es un sistema no muy fiable de control de errores.

password   **contraseña**

Contraseña que se entra al conectarse
(>login) con un sistema. La contraseña,
secreta por definición, sirve para comprobar
la identidad del usuario (>user), y garantiza
la exclusividad del acceso y la seguridad de
los datos privados. Un ejemplo de contraseña utilizada en la vida diaria es el número
secreto utilizado para operar en los cajeros
automáticos.

PD

>public domain

PGP
pretty good privacy   *aprox.:* confidencial
(acrónimo)   >pretty good privacy

phreaking
(palabra inventada)   Truco para telefonear que permite evitar
el pago a la compañía telefónica.
El "telephone phreaking" fue el precursor
del pirata informático (>hacker).

PING
Packet Internet Groper   Programa que, mediante el envío de datos
de prueba por >Internet, constata si existe o
está preparada una dirección de destino
(>address). Se basa en el protocolo >ICMP.

PITA
pain in the arse   dolor en el trasero
(acrónimo)   Cosa dolorosa. Referido a una persona: pel-
mazo.

PkZip/PkUnzip

Programas que permiten comprimir/descom-
primir ficheros de extensión .zip (>filename
extension) para reducir su tamaño y facilitar
su envío por >Internet; véase >zip.

plug-in

Programas adicionales para un navegador
(>browser) web (>World Wide Web), que le

permiten realizar funciones extras que no se encuentran en el formato >HTML, como, por ejemplo, visualizar videoclips, figuras 3D y elementos multimedia en páginas web. Un "plug-in" se integra totalmente en un área de la página web, de modo que es un elemento más de la misma.

POD
piece of data
(acrónimo)

una parte de datos, fragmento de archivo

pointer

aprox.: **marcador**
Sistema que señaliza los archivos. En un sistema en línea (>on-line), permite marcar los archivos que el usuario (>user) ha consultado, de manera que en la próxima conexión (>login) no vuelvan a presentarse.

policy

política, líneas directivas
>acceptable use policy

polling

aprox.: **consultar**
Sistemas en línea (>on-line) que consultan, uno tras otro, los mensajes de correo electrónico (>e-mail) recibidos por el usuario (>user), notifican la recepción de nuevos mensajes y, eventualmente, los bajan (>download).

POP3
Post Office Protocol

aprox.: **protocolo de correo**
Protocolo (>protocol) >Internet con el que trabaja un servidor de correo (>mail server).

port number

puerto
Cuando un nodo (>node) recibe datos, éstos pueden entrar en él por diferentes puertos. Cada puerto se identifica con un servicio distinto, de manera que un mismo nodo puede recibir varias comunicaciones al mismo tiempo si éstas llegan a puertos distintos. El puerto de destino de una comunicación se especifica en la cabecera

(>header) del protocolo >TCP. Así, por ejemplo, el ordenador "sabe" que el correo electrónico (>e-mail) entrante debe transmitirse al programa que lo procesa. En toda >Internet, los distintos números de puerto corresponden siempre a los mismos programas. Así, el 25 procesa el correo entrante, el 119 procesa las noticias, el 80 es el puerto de solicitud de páginas web (>World Wide Web), el 21 es el puerto utilizado para >FTP, etc. En general, el usuario (>user) no necesita conocer los números de puerto, ya que los programas los utilizan de manera automática.

post

enviar
Enviar una noticia mediante correo electrónico (>e-mail) a un grupo de noticias (>newsgroup) o a un área de noticias, como un foro (>forum) o una conferencia (>conference), a fin de divulgarla.

postmaster

aprox.: **jefe de correos**
Responsable de un servidor de correo (>mail server) de >Internet.

PPP
Point to Point Protocol

Protocolo de transmisión que permite conectarse a >Internet a través de la línea telefónica. Regula la conexión entre el ordenador del proveedor de servicios >Internet (>ISP) y el ordenador del usuario (>user); véase >SLIP.

pretty good privacy

aprox.: **confidencial**
Procedimiento de codificación de noticias muy divulgado, que se utiliza para el envío de correo electrónico (>e-mail) en >Internet. La utilización de "pretty good privacy" impide que los mensajes sean leídos por terceras personas.

profile

Término que reúne las palabras "profile"

94

(perfil) y "file" (archivo), y que, en el contexto >Internet, designa un archivo de control que la mayor parte de las veces se emplea para personalizar los parámetros de la conexión (>login) de un usuario (>user) cuando éste entra en un sistema en línea (>on-line).

Project Gutenberg

Organización que tiene como objetivo colocar en >Internet, en formato electrónico, la mayor parte de obras literarias exentas de derechos de autor.

protocol

protocolo

Estándares y convenciones que garantizan la transmisión de datos entre ordenadores, y que, en tanto estándares, aseguran la fiabilidad y la velocidad de la misma.

Dicho de otra forma, un protocolo consiste en una serie de normas o reglas comunes que permiten comunicarse entre sí a ordenadores distintos. Ejemplos de protocolos relevantes en relación a >Internet son >FTP, >HTTP, >PPP o >SLIP.

provider

proveedor

Cualquier organización que ofrece la conexión a >Internet o a algunos servicios de la misma; veáse >access provider, >ISP, >AOL, >CompuServe.

proxy

Programa que permite conectar una >Intranet a >Internet a través de un solo módem (>modem).

proxy server

Un "proxy server" (proxy = representante, apoderado) se utiliza como una memoria intermedia para las páginas web (>World Wide Web) consultadas. Es un servidor (>server) de un proveedor (>provider) de acceso a la red, o de una red de área local

(>LAN), que almacena las páginas o informaciones solicitadas por un usuario (>user), de manera que si éste (u otro usuario) quiere acceder otra vez a ellas podrá hacerlo más rápidamente utilizando las copias de las mismas que guarda el "proxy".

public domain

aprox.: **software de dominio público**
Software cuyos autores o quienes lo desarrollan ponen a disposición del público sin ningún tipo de limitación, y sin que sea necesario pagar por su uso; véase >shareware, >freeware. Abreviatura: PD.

query

consulta
Concepto propio de la terminología de las bases de datos (>database), que designa la realización de una búsqueda llevada a cabo de una forma determinada en una base de datos. Así, por ejemplo, una consulta alfabética exige que los datos de salida se obtengan en orden alfabético.

queue

cola
Informaciones o tareas acumuladas, que no se pueden atender al instante y que esperan su turno para ser procesadas. Puede referirse a correo electrónico (>e-mail) o bien a encargos de impresión, consultas de base de datos (>database), >FTP-mail, etcétera.

quoting

aprox.: **citar**
Parte del texto de un correo electrónico (>e-mail) o de una noticia previa, reproducida literalmente. Por ejemplo, si se responde a un mensaje se citará (quote) el párrafo al que se contesta. En general, se diferenciarán las líneas citadas precediéndolas con el signo ">". Los programas modernos de correo electrónico citan automáticamente un mensaje al responder al mismo.

RAM
Random Access Memory

memoria de acceso aleatorio
Memoria de trabajo de un ordenador. La

información que contiene se pierde al apagarlo.

RARE
Réseaux Associés pour
la Recherche Européenne

aprox.: **Redes Asociadas para la Investigación Europea**
Organización fundada en 1986 con el objetivo de fomentar la creación de una infraestructura de comunicación europea entre ordenadores y tomar parte en su desarrollo. Con ello, la industria y la economía europeas, así como las instituciones y los proyectos de investigación, serían los beneficiarios de las herramientas y los servicios de comunicación desarrollados a tal efecto. Sus miembros son redes de investigación nacionales europeas, redes europeas multinacionales, organizaciones internacionales de usuarios (>user) y otras organizaciones relacionadas con la red. RARE goza del apoyo de la comisión de la Unión Europea (CEC, DG XIII) y tiene voto en las grandes corporaciones de la tecnología de la información y la estandarización de telecomunicaciones.

read message

aprox.: **lee la noticia**
Comando de software para marcar un correo electrónico (>e-mail) o una noticia.

read only

aprox.: **sólo leer**
Foro (>forum) o conferencia (>conference) en línea (>on-line) donde se puede leer, pero no se puede participar activamente mediante contribuciones propias.

RealAudio
(marca)

Primera versión del software >Real Media, de la empresa Progressive Networks, limitado a la transmisión (>broadcast) de audio en directo por >Internet; véase >RealMedia.

RealMedia
(marca)

Software de la empresa Progressive Networks para la transmisión (>broadcast) de

audio y vídeo en directo por >Internet. El
codificador y el servidor RealMedia permiten a los proveedores de contenidos basados
en el entretenimiento, los deportes y los
negocios generar contenidos multimedia que
pueden ser transmitidos a través de la red.

realtime

tiempo real
Modo de diálogo que se caracteriza porque
la transmisión de la información entre los
agentes que se comunican se realiza en
directo –como sucede durante una conversación vía teclado o >IRC–, a diferencia, por
ejemplo, de los mensajes depositados en
grupos de noticias (>newsgroup) o enviados
por correo electrónico (>e-mail), que se reciben con un tiempo de retraso.

relevance feedback

aprox.: **mensaje de importancia**
Técnica empleada por los buscadores
(>search engine) >WAIS para comprobar la
utilidad de una respuesta en relación con los
criterios de búsqueda empleados. Los artículos encontrados se listan según la frecuencia
con que aparecen en ellos las palabras bus-
cadas (>key word).

remote echo

aprox.: **eco lejano**
Reenvío de todo lo que transmite un ordenador por parte de otro ordenador con el cual
el primero está conectado, de manera que la
información aparece de nuevo en la pantalla
del ordenador de origen, a modo de eco;
véase >echo 2.

reply

respuesta
Respuesta o comentario a un envío de correo
electrónico (>e-mail) o a una contribución a
un grupo de noticias (>newsgroup) >Usenet.

request for comments

aprox.: **petición de comentarios**
>RFC

resume

aprox.: **resumen, "curriculum vitae"**

Fichero de texto (>text file) que contiene la información personal de un participante en un sistema en línea (>on-line) (resume = "curriculum vitae" corto), quien es normalmente la persona que lo prepara, a modo de "tarjeta de visita electrónica"; lo pueden ver otros participantes del mismo sistema en línea.

RFC

request for comments
(acrónimo)

aprox.: petición de comentarios

Artículo sobre estándares y protocolos (>protocol) en >Internet. Los nuevos estándares se someten primero a discusión, de ahí la petición de comentarios sobre los mismos. Sólo después de que se han discutido exhaustivamente y se han dado por buenos se publican bajo un número RFC, como, por ejemplo, RFC 1166 (sobre los números IP), RFC 959 (File Transfer Protocol; >FTP) o RFC 1118 (Hitchhiker's Guide to the Internet).

RFD

request for discussion
(acrónimo)

deseo de discusión

Rheingold, Howard

Autor de los libros de divulgación científica más populares: "Virtual Reality" (1991; >virtual reality), "Virtual Community" (1993; >virtual community) y "Virtual Landscape" (1996); este último también se puede leer en línea (>on-line). Rheingold tiene su patria espiritual en >WELL.

ROFL

rolling on floor laughing
(acrónimo)

partirse de risa

ROT-13

Método de codificación simple, en el que las letras del alfabeto se adelantan o atrasan 13 posiciones (A se convierte en M, B en N, etc.).

Esta codificación, fácil de descifrar, hace que algo que puede resultar ofensivo, extremista o indecente no sea legible directamente, de manera que los receptores de un mensaje así codificado puedan elegir si lo tienen en cuenta o no.

router

aprox.: **encaminador**
Sistema que comprende hardware y software, y que transmite datos entre dos redes o segmentos de red (route = camino, ruta). Una condición necesaria para transmitir datos es que el emisor y el receptor utilicen el mismo >IP. Si éste no es el caso, se debe emplear un >gateway.

RS232

Norma estándar que define una interfase serie (comunicación de datos por una sóla línea de información, más varias líneas de señalización; véase >serial port).

RSN
real soon now
(acrónimo)

muy pronto, esta vez muy rápidamente
Normalmente, este acrónimo se usa de forma sarcástica para indicar que no se cree que algo esté listo en el plazo anunciado. Por ejemplo: "PROGRAMME XYZ is due to be released RSN".

RTFAQ
read the FAQ
(acrónimo)

lee las >FAQ

RTFM
request the fucking manual
(acrónimo)

¡Lee el jod... manual!

RTS/CTS
request to send/clear to send
(acrónimo)

petición de envío de datos, preparado para e envío
Línea de hardware de señalización a través de la interfase serie (véase >RS232, >serial port), con la cual un ordenador o un módem

(>modem) indica que se halla en disposición de recibir datos, o bien con la que se solicitan nuevos datos desde el otro extremo de la línea (to request = solicitar). Por ejemplo, un módem utiliza esta señal para anunciar que se halla en disposición de transmitir datos (>CTS) a otro módem. Estas señales se utilizan para controlar el flujo de datos; véase >flow control.

RUOK
Are you okay?
(acrónimo)

¿Te encuentras bien?

scratchpad
aprox.: **bloc de notas**
Archivo temporal en el que se copian instrucciones y éstas esperan su procesamiento.

screen name
aprox.: **nombre de pantalla, seudónimo**
>handle, >alias, >Nickname/Nick

search engine
buscador, motor de búsqueda
Base de datos (>database) cuyo contenido son enlaces que remiten a páginas web (>World Wide Web) o a recursos >Internet en general, y que permite consultarlos de diversas maneras. Por ejemplo, con ayuda del buscador se encuentran conceptos que incluyen una palabra determinada o centrados en un tema en concreto, y cuya dirección (>address) exacta no se conoce. Habitualmente buscan en la World Wide Web, pero también pueden buscar en los mensajes de grupos de noticias (>newsgroup) >Usenet. Los buscadores más conocidos son >AltaVista, >Hotbot, >Infoseek, >Lycos y >Yahoo, y, en la Internet en español, >El Indice/Elindice, >Ole y >Ozu.

secure channel
aprox.: **canal seguro**
Comunicación que se establece entre un servidor (>server) y un cliente (>client) y que permite enviar información codificada a través de >Internet.

security certificate

aprox.: **certificado de seguridad**
Información enviada por el protocolo (>protocol) >SSL para establecer canales seguros (>secure channel) en >Internet. El certificado incluye información de origen (es decir, de su propietario) y del emisor del certificado (o autoridad neutral que certifica que el emisor es quien asegura serlo), así como una serie de códigos para evitar la alteración de la información que se transmite o, en su caso, detectarla.

SEMPER
Secure Electronic
Marketplace for Europe
(acrónimo)

Norma de seguridad para el tráfico comercial en línea (>on-line), en cuyo desarrollo trabajan diversas empresas.

serial cable

aprox.: **cable en serie**
Cable que, a través de la interfase serie (>serial port), une el ordenador con los aparatos periféricos, tales como el ratón, la impresora o el módem (>modem).
A diferencia del >null modem, que une dos ordenadores a través de la interfase serie, el cable en serie intercambia en la conexión las patillas de envío y recepción.

**Serial Line Interface
Protocol**

>SLIP, >MacSLIP

serial port

aprox.: **conexión serie, puerto o conector serie**
Conexión del ordenador que permite enviar y recibir datos asíncronos (>asynchronous). Aparatos periféricos, tales como el ratón, la impresora o el módem (>modem), utilizan estas conexiones; véase >serial cable, >RS232.

server

servidor
Ordenador central de una red (>network) y su correspondiente software (entre otros sistemas de operación de red), que pone sus servicios a disposición de los ordenadores

integrantes de la red (>client) por medio de un software cliente-servidor (>client-server).

service provider

>provider, >ISP

SET
Secure Electronic
Transaction

aprox.: **transferencia electrónica segura (de dinero)**
Tecnología desarrollada por Visa y Master-Card, que debe permitir pagar en línea (>on-line) de forma segura con tarjetas de crédito.

SGML
Standard Generalized
Mark–up Language

aprox.: **lenguaje generalizado de marcado estándar**
Estándar internacional para la publicación de información electrónica. El >HTML es una aplicación concreta del SGML.

shareware

Software que se puede probar gratuitamente antes de comprarlo. Esta versión de prueba suele estar sometida a algunas limitaciones respecto a la versión plena. Transcurrido un tiempo desde la fecha de instalación se pide al usuario (>user) que se registre pagando cierta cantidad; véase >freeware, >public domain.

Shockwave
(marca)

Herramienta (>tool) de la empresa Macro-media, que permite utilizar en >Internet las presentaciones multimedia desarrolladas con "Macromedia Director". Un software adi-cional (>plug-in) Shockwave permite inte-grar estas presentaciones en una página web (>World Wide Web).

shouting

gritar
Escribir en línea (>on-line) algo en mayús-culas significa "GRITAR", lo que no es cor-tés y va contra las normas de etiqueta de la red (>netiquette). Puesto que, además, las noticias así escritas son difíciles de leer, sólo

se debe utilizar mayúsculas cuando sea inevitable.

SHTTP
Secure HTTP

Protocolo (>protocol) >HTTP seguro, desarrollado por la empresa Terisa Systems Inc., para hacer segura la transmisión de documentos a través de >Internet mediante conexiones HTTP. Se trata de una ampliación de HTTP que permite, por así decirlo, "encapsular" noticias. En este "encapsulado" se pueden incluir codificaciones, firmas o certificaciones, con lo cual se garantiza la confidencialidad, la identificación segura y la integridad de los mensajes. En un sitio (>site) web (>World Wide Web), se reconocen las páginas con protocolo SHTTP porque en el >URL aparece "shttp:" en vez del conocido "http:".

SIG
Special Interest Group

Uno o varios foros (>forum) con temas e intereses especiales; se encuentran preferentemente en servicios en línea (>on-line) tales como >AOL o >CompuServe.

signal to noise ratio

relación señal/ruido
Esta comparación con el concepto analógico (>analogue) que mide la claridad de un mensaje respecto al ruido de fondo se utiliza en los grupos de noticias (>newsgroup) para describir la relación de los mensajes centrados en el tema del grupo (signal) con la cantidad total de charla (noise, >wibble). Abreviatura: SNR.

signature

firma (digital)
Firma electrónica al final de un correo electrónico (>e-mail) o de una contribución a un foro (>forum), que identifica al remitente y le caracteriza. Consiste en unas líneas de texto con su nombre, su dirección y otros datos. Frecuentemente se amplia mediante una cita cómica o una "obra de arte"

(>ASCII art). Dado que la firma representa un archivo, la etiqueta de la red (>netiquette) prevé que ocupe cuatro líneas como máximo, aunque teóricamente no se ponga límite a su volumen.

Simple Mail Transfer Protocol

>SMTP

SITD
still in the dark
(acrónimo)

todavía en la oscuridad
Aún no hay nada definitivo; se refiere a algo que aún no se prevé o que no está cerrado.

site

aprox.: **sitio**
Designación general de un grupo de páginas web (>World Wide Web) que conforman en su conjunto la presencia en la >Web de un oferente, una empresa, etc. Comprende, por tanto, páginas web y documentos (>document), así como zonas para bajar (>download) archivos. De este conjunto de páginas, la principal (>home page) es aquella a la que se llega cuando se selecciona la dirección principal (>address) o el dominio (>domain). Del sitio web de Océano forman parte, por ejemplo, todas las páginas a las que se puede acceder haciendo clic (>click) desde la página inicial en "http://www.oceano.com".

SLIP
Serial Line Interface Protocol

Protocolo (>protocol) que permite a un ordenador conectarse a >Internet a través de la red telefónica. Es un antecesor del >PPP.

smiley

Pequeña cara estilizada, formada con caracteres >ASCII, que permite expresar el humor y los sentimientos del remitente o introducir ciertos matices en un correo electrónico (>e-mail); se puede reconocer si el texto se gira 90º hacia la derecha. Su forma base es una cara sonriente (to smile = sonreír): :-); véase >emote icons/emoticons, y el capítulo "Emoticons".

SMOP
small matter of
programming
(acrónimo)

programa de mala calidad
Programa malo, que no vale lo que cuesta.

SMTP
Simple Mail Transfer
Protocol
(*acrónimo*)

Protocolo que regula la transmisión, especialmente el envío, de correo electrónico (>e-mail) entre ordenadores. Para la recogida del mismo se utiliza el >POP3.

SNAFU
situation normal, all fucked/
fouled up
(*acrónimo*)

situación normal, todo perdido
Se emplea en el sentido de "la operación ha sido un éxito, el paciente ha muerto".

snail mail

aprox.: **correo caracol**
Denominación humorística del correo tradicional, que es muy lento en comparación con la transmisión electrónica de datos.

SNR
signal to noise ratio

relación señal/ruido
>signal to noise ratio

SO
significant other
(acrónimo)

mi media naranja

SOL
shit outta
(= out of) luck
(acrónimo)

¡Mala suerte!
Se utiliza en el sentido de que no se puede asegurar todo contra cualquier contingencia, y de que a veces algo va mal. Es una expresión corriente, usada con frecuencia en las canciones de rock, en poemas y en películas actuales.

spamming
(palabra inventada)

Palabra formada por la contracción de "spill" (dejar rebosar) y "cram" (atiborrar, sobrecargar) que designa la inundación de grupos de noticias (>newsgroup) >Usenet, >BBS, buzones electrónicos (>mailbox) u otros foros (>forum) en línea (>on-line) con noticias inútiles, no solicitadas o enojosas, tales como envíos publicitarios de proveedores comerciales.

ɔider

araña

Programa o robot (>bot) que se mueve por la WWW (>World Wide Web) siguiendo enlaces (>link; véase >hyperlink) y recuperando documentos con un objetivo determinado. Un "spider" no controlado puede causar problemas al intentar recuperar miles de documentos al mismo tiempo.

ⅿL
ɔcure Sockets Layer
ɩarca)

Tecnología de codificación que ha desarrollado la empresa Netscape tomando como base el >SHTTP, de Terisa Systems Inc., para permitir una comunicación segura a los navegadores (>browser) y los servidores (>server) de la >World Wide Web.

ⅼart/stop bits

Bits (>bit) que muestran al receptor el principio (start bits) o el final (stop bits) de una transmisión de datos en serie.

ⅼerling, Bruce

Bruce Sterling y William >Gibson fueron los creadores del término "ciberpunk" (>cyberpunk). Sterling, americano, nacido en 1954, fue el editor del portavoz del movimiento ciberpunk, "Mirrorshades", colaboró con el "Magazine of Fantasy and Science Fiction" y fue columnista de "Science Fiction Eye". Su obra "The Hacker Crackdown: Law and Disorder on the Electronic Frontier" (Bantam Books, 1992) es un libro de divulgación sobre los delitos informáticos y los derechos civiles electrónicos. Es miembro del "Board of Directors" de "Electronic

Frontier Foundation" (>EFF) en Austin, Texas.

STFU
shut the fuck up
(acrónimo)

¡Cállate de una vez!

Stomper
(marca)

Software (>shareware de la empresa Pflug Datentechnik) que permite a varios ordenadores compartir en la red (>network) un módem (>modem) o una tarjeta RDSI (>ISDN).

stop bits

>start/stop bits

StreamWorks
(marca)

Tecnología que permite transmitir (>broadcast) audio y vídeo en tiempo real (>realtime) a través de >Internet; véase >Xing, >RealMedia.

Stuffit
(marca)

En >Internet, programa muy apreciado de compresión de la empresa Aladdin System para ordenadores Macintosh. La extensión .sit (>filename extension) permite reconoce los archivos comprimidos con "Stuffit".

style sheet

hoja de estilo
Página que define el estilo de un document (>document) para su publicación electrónic en la >World Wide Web.

subscribing

suscribir
Quien tiene interés en un grupo de noticias (>newsgroup) o en el tema de una lista de correos (>mailing list) se puede suscribir a estos servicios a través de su lector de noticias (>newsreader). Las suscripciones de este tipo son gratuitas.

upport

apoyo
Apoyo y consejo de expertos en todo tipo de problemas de hardware y software.

urf

aprox.: **navegar**
Acción de navegar por la >World Wide Web.

urfer

aprox.: **navegante**
Persona que navega, con o sin rumbo, por la >World Wide Web; véase >net surfer.

ysOp
ystem Operator

aprox.: **operador del sistema**
Explotador u operador de un >BBS.

1

Línea RDSI (>ISDN) capaz de transportar 1.544.000 bits por segundo (>bits per second) según el estándar estadounidense. Puede servir para conectar una red entera a >Internet. Según el estándar europeo, transporta 2Mbit/s.

3

Línea RDSI (>ISDN) de mayor capacidad que la >T1: puede transportar 44.736.000 bits por segundo (>bits per second) según el estándar estadounidense.

g

aprox.: **etiqueta**
Comando de formateado en >HTML. Son "tags", por ejemplo, los comandos <p>, <br> y <hr>, que equivalen, respectivamente, a un punto y aparte, un cambio de línea y una línea horizontal.

lk

aprox.: **conversación, hablar**
Comando >UNIX que permite mantener una conversación en tiempo real (>realtime) entre dos usuarios (>user) en línea (>online); es comparable al Internet Relay Chat (>IRC), aunque este último permite mantener múltiples conversaciones entre varios interlocutores a la vez.

talkers

aprox.: **habladores, hablantes**

Sistema de charla (>chat) basado en texto, parecido a >IRC pero con comandos propios. Suele encontrarse en >BBS y es administrado por un software especial, que sirve al mismo tiempo a muchos usuarios (>user) –en algún caso hasta a 400– como medio y foro de intercambio.

Tar

tape archiver
(marca)

Programa de compresión del mundo >UNIX; los archivos comprimidos con Tar se reconocen mediante la extensión .tar (>filename extension).

TCB

trouble came back
(acrónimo)

volvieron los problemas
Se usa en el sentido de "otra vez surgen contrariedades".

TCP

Transmission Control
Protocol

Protocolo (>protocol) para la transmisión de datos entre ordenadores; es uno de los protocolos en que se basa >Internet; véase >TCP/IP.

TCP/IP

Transmission Control
Protocol/Internet
Protocol

Juego de protocolos (>protocol), concretamente >TCP e >IP, en cuya actuación conjunta se basa >Internet. Puesto que ambos se complementan (TCP verifica y corrige los errores de transporte del protocolo IP), se citan juntos con frecuencia.

TDM

too damn many
(acrónimo)

¡Maldita sea, esto es demasiado!

telecommuting

teletrabajo

Ejercicio de una profesión en casa mediante ordenador, módem (>modem) y teléfono/fax. A la empresa se acude casi tan sólo "virtualmente" (commuter = persona

110

que viaja diariamente hasta su lugar de trabajo, muy distante de su domicilio).

eleworking **teletrabajo**
>telecommuting

elnet

Categoría de programas que, de forma similar a un programa >terminal, permite al usuario (>user) acceder directamente a otro ordenador en >Internet, como si estuviera trabajando físicamente con éste. Se utiliza principalmente con ordenadores bajo sistema >UNIX.

rminal *aprox.:* **estación de entrada de datos**
Designación, procedente de la época de los grandes ordenadores, del teclado y, eventualmente, de la pantalla, es decir, de la interfase hombre-máquina. El teclado es el medio de entrada de datos en el ordenador; el monitor, sin embargo, no es necesario para éste, puesto que sirve tan sólo para proporcionar información al usuario (>user). En consecuencia, los primeros ordenadores no disponían de monitor, sino que, por ejemplo, contaban con una impresora. Hoy día se llama "terminal" a la estación de acceso completa a un sistema de ordenador central (gran ordenador, red de empresa, >Internet, etc.), y al equipo técnico con el que el usuario se comunica con este sistema.

xt file **archivo de texto**
Archivo que, a diferencia de un archivo binario (>binary file), contiene exclusivamente caracteres imprimibles. La mayor parte de los archivos que circulan por >Internet son "text files" basados en >ASCII, ya que éste es un código bastante divulgado.

read *aprox.:* **hilo**
Hilo de una conversación o de una discusión: secuencia de contribuciones, relaciona-

das entre sí, a un determinado tema en un grupo de noticias (>newsgroup) o en un foro de discusión (>conference) de un sistema en línea (>on-line); comprende una comunicación inicial (>post) a la que siguen comentarios y respuestas.

throughput — **caudal**
Medida de la capacidad de un sistema: designa el número de encargos que éste puede solucionar en un tiempo determinado. La mayor parte de las veces, en la transmisión de datos se entiende por "encargo" un número determinado de caracteres a transmitir por segundo; véase >bits per second, >kbps, >mbps.

thumbnail — *aprox.:* **uña del dedo pulgar**
Versión reducida de una imagen, que facilita su visualización previa con el menor tiempo posible de espera.

TIA
thanks in advance — gracias por anticipado
(acrónimo)

TIC
tongue in cheek — lengua en la mejilla
(acrónimo) — Expresión irónica o humorística de escepticismo o duda; véase el capítulo "Emoticons".

TinyMUD — *aprox.:* **Pequeño (mínimo) MUD**
Un tipo de juego Multi User Games; véase >MUD, >MUG.

TinySex — *aprox.:* **Pequeño (mínimo) sexo**
Cibersexo (>cybersex) en el marco de un juego >TinyMUD.

TLA
three letter acronym — acrónimo de tres letras
(acrónimo) — Acrónimo (>acronym) que se utiliza en charlas (>chat) o en conferencias (>confe-

rence) para teclear lo menos posible y acelerar la comunicación. Este tipo de abreviaturas puede tener más de tres letras (>ETLA).

NX
anks
(acrónimo)

gracias

ool

herramienta, dispositivo
Software auxiliar o adicional (véase
>plug-in).

opic

tema, objeto
Subárea de una conferencia (>conference)
en la que se aborda en profundidad el objeto
de una discusión.

ailer

aprox.: **cola**
Parte final de un paquete de datos a transmitir; véase >header, >frame.

ansport layer

capa de transporte
Concepto abstracto empleado para referirse
a aquella parte de la infraestructura de una
red de ordenadores que se encarga de todo lo
que tiene que ver con la transferencia de
datos, como la realización de controles de
errores, la nueva ordenación de secuencias
de paquetes (>packet), el procesamiento de
requerimientos repetidos de sistemas subordinados y el reparto de noticias en paquetes
aislados.

rojan horse

caballo de Troya
>virus que se presenta bajo un "disfraz" inofensivo, por ejemplo, como un programa de
embalaje o de comprensión, como un juego
o incluso como un programa antivirus
(>anti-virus); véase >mockingbird.

TFN
-ta (goodbye) for now
(acrónimo)

de momento, adiós

TTYL
talk to you later
(acrónimo)

hablaremos más tarde
hablaré contigo más tarde

TVM
thanks very much
(acrónimo)

muchas gracias

UDP
User Datagram Protocol

Uno de los muchos protocolos (>protocol) en que se basa >Internet. Un protocolo muy parecido y alternativo para determinadas aplicaciones es el >TCP.

unable to locate host

aprox.: **imposible localizar el servidor**
Problema muy común en la navegación (>surf): el servidor de nombres de dominio (>DNS) no puede localizar el IP (>IP address) de un dominio (>domain, >URL). Puede deberse a un error tipográfico, o puede tratarse de un problema permanente, debido, por ejemplo, a que el servidor (>host) ya no existe.

UnderNet

La mayor red mundial de servidores (>server) >IRC interconectados.
Todos los usuarios (>user) conectados a cualquiera de los servidores IRC de Under-Net pueden comunicarse entre ellos como s estuvieran conectados a un único servidor IRC.

Uniform Resource Locator

aprox.: **localizador de fuentes unificado**
>URL

UNIX

Sistema operativo muy divulgado en >Internet.

unsubscribe

aprox.: **cancelar una suscripción**
Se refiere a un grupo de noticias (>news-group) >Usenet. Para proceder a la cancelación se borra la dirección del grupo de

noticias en el lector de noticias (>newsreader) del usuario.

update

actualizar

Descargar (>download) la última versión de un programa, sea bajando la nueva versión del mismo, o bajando únicamente los módulos que se han renovado (active download).

upload

subir, cargar

Transmitir un archivo del propio ordenador a otro ordenador, con el cual el primero está unido mediante una línea de datos, como, por ejemplo, un módem (>modem); véase >download.

urban folklore

aprox.: **historias ciudadanas**

Historias, mitos y leyendas de la actualidad, cuya temática va desde historias de miedo hasta rumores acerca de espionaje y escándalos de corrupción en la industria y en la política. En >Internet se puede hallar información sobre "urban folklore" en grupos de noticias (>newsgroup) especiales, como, por ejemplo, en alt.folklore.urban (AFU), que se ocupa de este tipo de historias.

URL
Uniform **R**esource **L**ocator

aprox.: **localizador de fuentes unificado**

Designación del conjunto de la dirección (>address) de un servicio >Internet. Se compone de varios elementos. En primer lugar, de un prefijo de servicio para la clase a la que se accede, por ejemplo, "http://" para las direcciones de páginas web (>World Wide Web), o "ftp://" para acceso >FTP de transferencia de ficheros (>archive). En segundo lugar, del nombre de un servidor (>server), formado, a su vez, por el nombre del servidor y de su dominio (>domain), como por ejemplo, "www.oceano.com". Y, en tercer lugar, del nombre del documento (>document), que se debe completar con la indicación de su ubicación exacta dentro del sistema de archivos (directorio) en el que se halla.

Usenet

Red particular (>network) dentro de >Internet que se divide en miles de subgrupos orientados temáticamente, denominados grupos de noticias (>newsgroup). Aquí se intercambian novedades y archivos, se discute de filosofía y problemas técnicos y se presta ayuda. Como es normal en Internet, Usenet está organizada de forma distribuida (es decir, de manera descentralizada), no hay ninguna censura –excepto en los grupos que cuentan con moderador (>moderator)– y apenas es posible controlar la información que circula por ella.

user

usuario, participante
En principio, toda persona que utiliza un programa, un software o una aplicación.

username

aprox.: **nombre de usuario**
Nombre del usuario (>user) de un sistema en línea (>on-line), que lo identifica; véase >login name.

UUCP
Unix to Unix Copy Protocol

Protocolo (>protocol) que se emplea en el intercambio de datos o de comunicaciones, preferentemente entre dos sistemas >UNIX cuando no se dispone de conexión permanente entre ellos. La conexión se efectúa en instantes determinados, y durante la misma se transmiten en bloque todos los datos acumulados. Así, por ejemplo, se utiliza con frecuencia en >Usenet a fin de que los servidores de noticias (>news server) intercambien los mensajes generados tan sólo a horas preestablecidas.

UUencode
Unix to Unix encode

Programa que transforma los archivos binarios (>binary file) en archivos >ASCII para poder enviarlos por >Internet vía correo electrónico (>e-mail) –sólo se transmiten de forma segura los archivos ASCII. Para volver al archivo binario original se utiliza un UUdecoder.

.17

Protocolo (>protocol) de modulación >ITU-T para fax módem (>modem) o aparatos de fax, que permite una velocidad de transmisión máxima de 14.400 bit/s (>bits per second).

.21

Estándar >ITU-T para acopladores acústicos (dispositivos históricos antecesores del modem) y módems (>modem) con una velocidad de transmisión máxima de 300 bit/s (>bits per second).

.22

Estándar >ITU-T para módems (>modem) con una velocidad de transmisión máxima de 1.200 bit/s (>bits per second).

.22bis

Estándar >ITU-T para módems (>modem) con una velocidad de transmisión máxima de 2.400 bit/s (>bits per second); véase >bis.

.23

Estándar >ITU-T para módems (>modem) con una velocidad de transmisión máxima de 75 bit/s (>bits per second) para el envío de datos, y de 1.200 bit/s para su recepción.

.27ter

Estándar >ITU-T de modulación para fax módem (>modem) y aparatos de fax que permite una velocidad de transmisión máxima de 2.400 bit/s (>bits per second).

.29

Estándar >ITU-T de modulación para fax módem (>modem) y aparatos de fax que permite una velocidad de transmisión máxima de 9.600 bit/s (>bits per second).

V.32

Estándar >ITU-T para módems (>modem) con una velocidad de transmisión máxima de 9.600 bit/s (>bits per second).

V.32bis

Estándar >ITU-T para módems (>modem) con una velocidad de transmisión máxima de 14.400 bit/s (>bits per second); véase >bis.

V.32terbo

Estándar no oficial de algunos fabricantes de módems (>modem) que permite una velocidad de transmisión máxima de 19.200 bit/s (>bits per second).

V.34

Estándar >ITU-T para módems (>modem) con una velocidad de transmisión máxima de 28.800 bit/s (>bits per second).

V.34+

Estándar no oficial para módems (>modem) con una velocidad de transmisión máxima de 33.600 bit/s (>bits per second).

V.42

Estándar >ITU-T de corrección de errores para módems (>modem).

V.42bis

Estándar >ITU-T de compresión de datos y corrección de errores para módems (>modem); véase >bis.

V.56

Estándar para módems (>modem) con una velocidad de transmisión máxima de 56.800 bit/s (>bits per second).

V.90

Nuevo estándar para transmisiones a 56K, cuyo proceso de aprobación ha iniciado la

>ITU-T, y cuya implantación total está programada para septiembre de 1998. Esta norma (denominada previamente V.pcm) pretende ofrecer transmisiones compatibles que permitan recibir hasta 56.000 bits por segundo (>bits per second) y transmitir a 33.600 bit/s.

V.Fastclass

Precursor no oficial del estándar >V.34 para módems (>modem) con una velocidad de transmisión máxima de 28.800 bits/s (>bits per second).

VC
Virtual Community

comunidad virtual
>virtual community

VDOLive

Algoritmo (>algorithm) de compresión de vídeo a través de >Internet para permitir la transmisión de vídeo en directo.

verbose

Modo (>mode) en el que un módem (>modem), en el diálogo con el usuario (>user), devuelve el código-resultado de sus acciones como mensajes de texto descriptivos, en vez de códigos numéricos.

Veronica
Very Easy Rodent-
Oriented Net-wide Index
to Computerized
Archives
(acrónimo)

aprox.: **índice roedor muy simple para toda la red para archivos de ordenador**
Herramienta histórica de búsqueda de información >Gopher por >Internet. El concepto "rodent" (= roedor) se utiliza como sinónimo de "gopher" (= la tuza, un roedor), y, al parecer, se introdujo para formar este acrónimo.

VI
Visual Interactive
(marca)

Editor (>editor) >UNIX que frecuentemente está incorporado al software basado en UNIX para correo electrónico (>e-mail) y lector de noticias (>newsreader).

119

video conference

videoconferencia
Conversación entre dos personas en tiempo real (>realtime) a través de >Internet, con intercambio remoto de vídeo y audio. Su calidad depende en gran medida del ancho de banda (>bandwith) disponible; véase >CU-SeeMe.

video display

pantalla
Monitor, pantalla. Periférico de salida que permite al usuario (>user) visualizar la información.

Vieiros

Barrio (>neighbourhood) formado por recursos en gallego.

Viewcall
(marca)

Dispositivo (set top box) que permite acceder a >Internet a través del aparato de TV y de la conexión telefónica.

Vilaweb

Barrio (>neighbourhood) formado por recursos en catalán.

virtual circuit

circuito virtual
Concepto abstracto que hace referencia al camino que recorren los datos en el curso de una transmisión en concreto. Designa el recorrido que los datos deben llevar a cabo en >Internet desde el ordenador de salida al ordenador de destino.

virtual community

comunidad virtual
Expresión que describe las comunidades que sólo existen en las redes de ordenadores (>network), pero que son reales. Es otra designación del ciberespacio (>cyberspace), y el tema de un conocido libro de Howard >Rheingold. Abreviatura: VC.

virtual reality

realidad virtual
Mediante la tecnología informática se

120

simula la realidad, que en este caso, y a diferencia de otros tipos tradicionales de realidad artificial (como pueda serlo la cinematográfica), es interactiva. Es decir, los elementos que la configuran actúan y reaccionan de manera igual a como lo harían en la realidad "verdadera", o sea, en el mundo real. La realidad virtual encuentra numerosas aplicaciones en la industria y en la técnica; se utiliza, por ejemplo, en los simuladores de vuelo, en la arquitectura asistida por ordenador o en el estudio de las reacciones químicas. Abreviatura: VR.

virus

virus
Nombre, tomado del mundo de la medicina por analogía, que se da a un programa que actúa en el ordenador y en el software de forma similar a como lo hace un virus en un organismo viviente. El objetivo de un virus de ordenador es propagarse, es decir, llegar a cualquier tipo de intercambio con otros ordenadores "viajando" en archivos de programa, y modificarlos, la mayoría de las veces negativamente. Se puede eliminar mediante programas antivirus (>antivirus), aunque para ello es importante que éstos siempre estén actualizados; véase >mockingbird, >Trojan horse.

Visual Basic Scripts

Versión de Visual Basic, de Microsoft, que se puede integrar en una página web (>World Wide Web) a modo de programa. Para poder utilizarlo se necesita el navegador (>browser) web >Internet Explorer a partir de la versión 3.

VR
Virtual Reality

realidad virtual
>virtual reality

VRML
Virtual Reality Mark–up Language

Lenguaje que permite la representación de objetos tridimensionales con hiperenlaces

(>hyperlink) integrados. VRML necesita un software adicional (>plug-in) específico o un navegador (>browser) preparado para poder visualizarlo en una página web (>World Wide Web). El nuevo estándar VRML 2.0 se conoce también con el nombre de >Moving Worlds.

VT100

Norma o estándar para la representación correcta de los datos en un >terminal y para definir las opciones de salida de pantalla. Esta norma la utilizan ordenadores de diferentes "familias", de manera que los datos que se generan en un sistema en concreto y siguen la norma pueden representarse correctamente en un sistema distinto e incompatible pero que también soporte la norma; véase >Telnet.

W3

Nombre que designa las tres "W" de >WWW, o >World Wide Web.

W3C
World Wide Web
Consortium

Consorcio de la WWW (>World Wide Web), fundado en 1994 para desarrollar protocolos (>protocol) comunes para la evolución del >HTML a partir de aportaciones del >CERN, del MIT, etcétera.

waffle

>wibble

WAIS
Wide Area Information
Server

aprox.: **servidor de información de grandes áreas**
Servidor (>server) que permite localizar información de bases de datos (>database) distribuidas en toda >Internet.

WAN
Wide Area Network

aprox.: **red de área ancha**
Gran red (>network) que utiliza líneas públicas y telefónicas (por ejemplo, líneas de teléfono, cables de fibra de vidrio, transmi-

sión vía satélite, etc), y que se extiende más allá de los estados y los continentes. Lo opuesto: >LAN.

warez

Término utilizado para referirse a software comercial desprotegido, copiado y distribuido fraudulentamente; véase >zeraw.

.wav

Extensión (>filename extension) de los ficheros estándar de sonido de Windows. Este formato, muy extendido en >Internet, equivale al formato >.au de Macintosh.

Web

Abreviatura de >World Wide Web; generalmente aparece como "The Web".

web computer

aprox.: **ordenador de red**
>net computer

web editor

Software (editor de texto) para la creación de documentos (>document) >HTML.

webmaster

aprox.: **maestro de red o de página**
Persona responsable del mantenimiento o actualización de un sitio (>site) web (>World Wide Web).

WebObjects
(marca)

Potente software compatible >ActiveX, desarrollado por la empresa NeXT Software para la producción o el desarrollo de páginas web (>World Wide Web).

web server

servidor de web
Programa ubicado en un servidor (>server) cuyo objetivo es facilitar el acceso de los navegadores (>browser) a las páginas web (>World Wide Web). Ejemplos de servidores de web son >Apache, >Enterprise Server/Commerce Server e >IIS.

web site

sitio
>site

Web Space
(palabra inventada)

"Espacio" que la >World Wide Web ocupa en el ciberespacio (>cyberspace).

Web TV
(marca)

Sistema de acceso al correo electrónico (>e-mail) y de consulta de páginas web (>World Wide Web) mediante un aparato de TV y un módem (>modem).

web weawer

Diseñador de un documento (>document) WWW (>World Wide Web).

WELL
Whole Earth 'Lectronic
Link
(empresa/proveedor)

Sistema en línea (>on-line) fundado en Sausalito, California, que ha sido uno de los primeros en formar una comunidad virtual (>virtual community). Ésta es la "tierra natal" de conocidos autores, tales como Howard >Rheingold o Bruce >Sterling; véase >virtual reality, >virtual community.

White Pages
(marca)

Páginas Blancas
Históricamente, base de datos (>database) de recursos >Internet (véase >URL) estructurada alfabéticamente, como las páginas telefónicas normales; véase >Yellow Pages.

Whois
(marca)

¿Quién es?
Programa utilizado en >UNIX para encontrar, a partir del nombre de usuario (>username), la dirección (>address) de correo electrónico (>e-mail) y, opcionalmente, otros datos de un usuario que en ese momento esté conectado en línea (>on-line) al mismo o a otro sistema UNIX.

wibble
(palabra inventada)

Designación coloquial de las contribuciones sin sentido o no relevantes a áreas de noticias, foros (>forum) o grupos de noticias (>newsgroup). En algunos grupos de noticias (como talk.bizarre) se han convertido en un tipo de arte.

wildcard
carácter: * o ?

comodín
Uno de los caracteres especiales que se utilizan al realizar búsquedas. Por ejemplo, (?) puede reemplazar cualquier carácter, y (*) puede sustituir cualquier grupo de caracteres; véase >asterisk.

WinCim
Windows CompuServe Information Manager (marca)

Versión del >CIM para el entorno Windows.

Winsock
(marca)

Archivo de control que utiliza Microsoft Windows para comunicar con >Internet a través de >TCP/IP.

WinVn
(marca)

Lector de noticias (>newsreader) >Usenet para usuarios de Windows.

wirehead
aprox.: **cabeza cableada**
Designación peyorativa aplicada a técnicos o a expertos en >Internet.

wizard
aprox.: **encantador, brujo**
Participante en un juego Multi User Dungeon (>MUD) que ha alcanzado un alto nivel.

WOMBAT
waste of money, brains and time (acrónimo)

malgastar dinero, cerebro y tiempo
Se aplica a problemas no interesantes e irrelevantes, de cuya solución no se espera obtener ningún provecho (wombat = marsupial de Oceanía).

World Wide Web
aprox.: **red mundial, telaraña mundial**
El sistema de información y de fuentes basado en el hipertexto (>hypertext) para

>Internet que ha tenido el crecimiento más rápido de la red. Robert Cailliau y Tim >Berners-Lee lo desarrollaron en 1990, en el >CERN. Abreviatura: WWW, Web.

World Wide Web browser

Navegador (>browser) de páginas web (>World Wide Web).

WRT
with regard to
(acrónimo)

con referencia a

WTF
what the fuck
(acrónimo)

¿Qué puñ... quieres ahora?

WTH
what the hell
(acrónimo)

¡Qué caray quieres!

WWW
World Wide Web

aprox.: **red mundial, telaraña mundial**
>World Wide Web

WWW
"World Wide Wait"

aprox.: **tiempo de espera mundial, red mundial de la demora**
Interpretación irónica de la abreviatura >WWW.

WYSIWYG
what you see is what you get
(acrónimo)

lo que ves es lo que recibes
Reproducción en la pantalla de un diseño que es idéntica a la impresión sobre el papel

X.25

Norma >CCITT para el intercambio de datos a través de una interfase entre un dispositivo final de datos y un dispositivo de transmisión de datos, utilizando una red publica de transmisión de paquetes de datos

X.29

Norma >CCITT para la interfase de una conexión >X.25.

X.400

Estándar >ITU-T para el intercambio de comunicaciones de correo electrónico (>e-mail) y sistemas de noticias.

Xing
(empresa/proveedor)

Empresa que ha desarrollado la tecnología >StreamWorks, con la cual se pueden comprimir las imágenes de vídeo de tal manera que es posible transmitirlas en directo por >Internet.

Xmodem

Protocolo (>protocol) de transmisión de archivos para módem (>modem) que actualmente ha sido sustituido en gran parte por >Zmodem. Se utiliza frecuentemente en >BBS.

XON/XOFF

Protocolo para la regulación del flujo de datos asíncrono (>asynchronous) entre módems (>modem) y ordenador por medio de caracteres de espera y parada. Se sustituye la mayoría de veces por una solución mucho más efectiva de hardware; véase >RTS/CTS; >flow control.

YABA
yet another bloody acronym   otra vez un acrónimo idiota
(acrónimo)

Yahoo
(marca)

Directorio y buscador (>search engine) muy popular y rápido de la WWW (>World Wide Web). Otros buscadores conocidos son >Alta Vista, >Infoseek, >Hotbot y >Lycos, y, en la >Internet en español, >El Indice/Elindice, >Ole y >Ozu.

Yellow Pages

Páginas Amarillas
Versión electrónica de las conocidas "páginas amarillas" impresas, que se encuentra en >Internet. Es una obra de consulta de recur-

sos >Internet organizada por sectores, en forma de una base de datos (>database) en línea (>on-line).

Ymodem

Protocolo (>protocol) de transmisión de datos para módems (>modem), ligeramente mejorado respecto a >Xmodem, que ha sido sustituido por >Zmodem.

zip
(palabra inventada)

zipear
Archivado o embalado de uno o varios archivos con el programa de compresión PkZip; los archivos manipulados con PkZip tienen una extensión .zip (>filename extension); véase >Compress.

zeraw

Se utiliza como alternativa al término >warez, para despistar a los incautos.

Zmodem

El protocolo (>protocol) de transmisión de datos más utilizado por usuarios (>user) de >BBS vía módem (>modem). A diferencia de >Xmodem e >Ymodem, sus predecesores, ofrece la posibilidad de continuar recibiendo una descarga (>download) interrumpida sin tener que reiniciarla.

zone number

número de zona
Número de identificación en una dirección (>address) >Fidonet, que indica la localización geográfica de un participante Fidonet.

"Emoticons"

Mensajes icónicos

ll ngry	**furioso**
-) ld	**calvo**
)> earded	**barbudo**
+(eaten up	**apaleado, acabado**
x w tie	**pajarita**
-) oken glasses	**gafas rotas**
) oken nose se out of joint	**nariz rota** nariz rota = ofendido
) shy eyebrows	**cejas pobladas**
 rin like a) Cheshire cat	**sonrisa ancha**
-) inese	**chino, china, chinos, chinas**
-) w	**vaca**
 oss	**malhumorado**

X-) cross-eyed	**bizco**
:´-(crying	**llorando**
:-e disappointed	**decepcionado**
:-)´ drooling	**babeando**
{:V duck	**pato**
5:-) Elvis	**Elvis**
>:-) evil grin	**sonrisa diabólica**
:´´´´-(floods of tears	**mares de lágrimas**
/:-) French	**francés, francesa, franceses, francesas**
8) frog	**rana**
8-) glasses wearer	**gafitas**
8:) gorilla	**gorila**
:-) happy	**feliz** forma base de >smiley
:-´) has a cold	**está resfriado/resfriada**
:*) has a cold	**está resfriado/resfriada**

-I mmmph!	**desinteresado, ligeramente enfadado** expresión de desinterés o de ligero desagrado
-C jaw hits floor	**mandíbula caída** expresión de decepción o de admiración
·) keeping an eye out	**no quitarle ojo, no perderlo de vista**
·# kiss	**besito**
·* kiss	**beso**
X kiss	**besazo**
+) large nose	**narizotas**
·D laughing out loud	**riendo a carcajadas**
·} . leering . lipstick wearer	**1. mirando maliciosamente** **2. persona de labios pintados**
·: left-handed	**zurdo**
·9 licking lips	**lamiéndose los labios**
·I monkey	**mono**
·#) moustache	**mostacho**
·) needs haircut	**necesita un corte de pelo**

131

:8) pig	**cerdo**
=:-) punk	**punk**
:-´´ pursed lips	**labios fruncidos**
l-} "Robocop"	*(personaje cinematográfico)*
:-(sad	**triste** forma base de >smiley
o:-) saint	**santo**
:-@ screaming	**gritando**
:-o shocked	**sorprendido**
:-V shouting	**gritando**
l-) sleeping	**durmiendo**
:-i smoker	**fumador, fumadora**
:-6 sour taste in mouth	**regusto amargo**
:-v speaking	**hablando**
*-) stoned	**colocado, flipado**
:-T tight-lipped	**boca cerrada (no dice nada)**

132

:-p tongue-in-cheek	**lengua en la mejilla (irónico)**
:-& tongue-tied	**que tiene dificultad al hablar**
:-/ undecided	**indeciso**
:-[vampire	**vampiro**
:-)) very happy	**muy feliz**
:-((very sad	**muy triste**
:-c very unhappy	**muy infeliz**
:-(#) wears teeth braces	**lleva aparatos de ortodoncia**
;-) winking	**guiñando el ojo**
:-7 wry smile	**sonrisa irónica**
:-O yawning	**bostezando**